Inhalt

Edmund Görtler,
Doris Rosenkranz

Mitarbeiter- und Kundenbefragungen

Methoden und praktische
Umsetzung

HANSER

1 Einleitung

WORUM GEHT ES?

Steigende Anforderungen an Service und Produktivität machen für Unternehmen einen flexibleren Umgang mit Kundenbedürfnissen und Kundenwünschen notwendig. Ein Schlüssel zu mehr Effizienz und Effektivität liegt darin, die Potentiale der Mitarbeiter und der Kunden zu nutzen, um gezielt Verbesserungen zu erreichen.

Mitarbeiter- und Kundenbefragungen haben dabei zwei wesentliche Faktoren gemeinsam: Sie sind Teil eines erfolgreichen Managements zur Steigerung der Unternehmensleistung und sie setzen die Möglichkeit der Partizipation und Mitsprache von Mitarbeitern und Kunden um. Sie sind damit unverzichtbarer Teil eines umfassenden Prozesses des Total Quality Management (TQM) und finden mehr und mehr Anwendung auch in kleineren und mittleren Unternehmen sowie in Verwaltungen.

Für die erfolgreiche Umsetzung einer Mitarbeiter- und Kundenbefragung sind eine sorgfältige Planung sowie spezifische methodische Kenntnisse notwendig.

Charakteristika von Mitarbeiter- und Kundenbefragungen

„Keiner kennt die Probleme des Topfs besser als der Löffel." Mit diesem süditalienischen Sprichwort lässt sich pointiert der Charakter von Mitarbeiterbefragungen beschreiben. Soll heißen: Niemand kennt die Arbeitssituation, den Arbeitgeber, die Arbeitsabläufe besser als diejenigen, die täglich unter diesen Rahmenbedingungen arbeiten. Die Mitarbeiter können einschätzen, was gut und rund läuft, wo es Schwachstellen gibt, wo noch Potential ist.

Ergänzt wird dies durch die Perspektive der externen Kunden, der Nutzer und Nachfrager. Ihre Zufriedenheit mit Dienstleistungen und Produkten ist Charakteristikum eines Nachfragermarktes und rückt noch mehr in den Mittelpunkt, wenn eine Positionierung des Unternehmens allein über den niedrigen Preis nicht möglich oder wünschenswert ist.

In den letzten Jahren hat vor allem der anhaltende externe Wandel den Anpassungs- und Veränderungsdruck für Unternehmen massiv erhöht. Aus diesem Grund ist es für Unternehmen unerlässlich, immer wieder neue Wege zu gehen und bewährte Instrumente wie Teambesprechungen oder Kundengespräche zu ergänzen durch empirisch abgesicherte Verfahren der Kunden- und Mitarbeiterbefragung.

Der steigende Druck zur Qualitätssicherung erhöht zudem die Nachfrage nach verlässlichen Methoden der evaluierenden Dokumentation. Kunden- und Mitarbeiterbefragungen sind daher als ein Instrument des Innovationsmanagements zu sehen, hören sie doch auf die „Stimme der Betroffenen", ohne die Veränderungsversuche in der Praxis häufig ins Leere laufen. Die (Un-)Zufriedenheit von Mitarbeitern und Kunden empirisch zu erheben und zu dokumentieren ist daher ein wichtiger Schritt und bildet wiederum die Basis für weitere Verfahren des Qualitätsmanagement wie EFQM oder Benchmarking (vgl. Pocket Power Benchmarking).

WIE GEHE ICH VOR?

Mal „einfach so" einen Fragebogen zu basteln, ihn zu vervielfältigen, auszuteilen und dann abzuwarten, wer wie antwortet, kann nicht zielführend sein. Die Gefahr, Geld und Zeit zu vergeuden, ist bei diesem Vorgehen groß. Denn Fragen, die im Alltag gut funktionieren („Was ist denn Ihr Beruf?"), führen bei Fragebögen schnell zu Problemen. Welcher Beruf ist gemeint? Der erlernte, der ausgeübte oder einer von den drei Jobs, die der Kunde im Moment hat?

Welche Voraussetzungen also müssen gegeben sein, damit eine Mitarbeiter- und Kundenbefragung das Ziel erfüllen kann, Arbeitsabläufe und Organisation transparenter zu machen, zwischen den unterschiedlichen Unternehmensteilen zu vermitteln und letztlich zu Verbesserungen zu führen? Welche Ziele hat genau eine Mitarbeiter- oder Kundenbefragung? Um welche Inhalte soll es konkret gehen? Welche Methode lässt sich einsetzen? Wer soll befragt werden? Wann ist eine Stichprobe repräsentativ? Wie sind die Ergebnisse zu interpretieren? Was sind spezifische Arten der Mitarbeiter- und Kundenbefragung wie Motivations- oder Imageanalysen? Wie bei einer Befragung vorzugehen ist, bedarf also einer sorgfältigen Planung (Bild 1).

Im Folgenden zeigen wir praxisorientiert, welche Schritte bei einer Befragung von Mitarbeitern und Kunden zu gehen und welche Chancen und Grenzen damit verbunden sind.

Zum Aufbau des Buches

Im vorliegenden Pocket Power wird das Instrumentarium für Kunden- und Mitarbeiterbefragungen vorgestellt. Zunächst geht es darum, was man unter einer *empirischen* Vorgehensweise versteht und welche Ziele mit diesen Befragungen häufig verbunden werden.

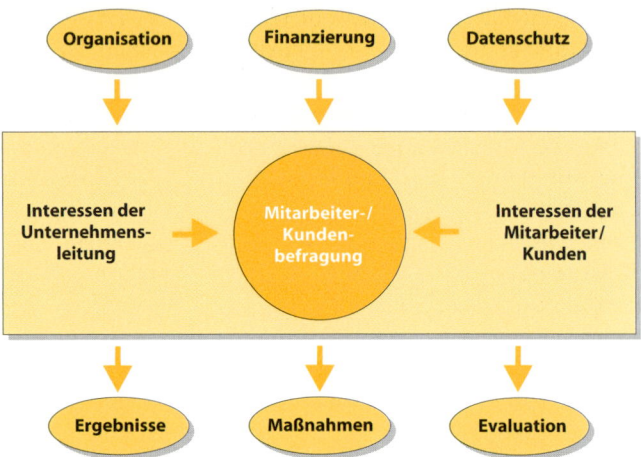

Bild 1: *Vorgehen bei einer Kunden- und Mitarbeiterbefragung*

WORUM GEHT ES?

Daran anknüpfend wird in einzelnen Schritten gezeigt, wie ein Befragungsprojekt organisiert ist und welche Alternativen es für die Wahl der Erhebungsmethode gibt. Beschrieben wird auch, über welche Techniken („Auswahlverfahren") man die Befragten auswählt, um möglichst aussagekräftige und auch im statistischen Sinn gültige („valide") Daten zu bekommen.

WIE GEHE ICH VOR?

Es werden dabei die am häufigsten gestellten Fragen bei der Durchführung einer Mitarbeiter- bzw. Kundenbefragung beantwortet:

▶ Wozu ist eine Mitarbeiter-/Kundenbefragung sinnvoll?

▶ Wie plane ich erfolgreich eine Mitarbeiter- bzw. Kundenbefragung?

▶ Welche Probleme können sich ergeben und was kann ich dagegen unternehmen?

▶ Welche rechtlichen Rahmenbedingungen – z. B. beim Datenschutz – muss ich beachten?

▶ Wie kann ich mit den Ergebnissen im Unternehmen weiterarbeiten?

▶ Wie kann ich die Verbesserungen überprüfen?

Dieser Band will Sie unterstützen, Ihr konkretes Befragungsprojekt effektiv und erfolgreich durchzuführen. Dazu finden Sie im Folgenden auch Übersichten und Checklisten, Tipps, Beispiele und Hürden, die den Ablauf erleichtern:

 Dieses Symbol markiert **Anwendungstipps:** Hier erfahren Sie, wie Sie bei der Umsetzung am besten vorgehen.

 Hier geben wir Ihnen **Praxisbeispiele,** die zeigen, wie die Thematik von anderen konkret umgesetzt wird.

 Wo Sie dieses Symbol sehen, weisen wir Sie auf **Hürden und Hindernisse** hin, die einer Umsetzung erfahrungsgemäß oft im Wege stehen.

Hinweise zu vertiefender Literatur schließen den Band ab.

Zum Schluss noch ein wichtiger Hinweis: Rein aus stilistischen Gründen wird hier von „Mitarbeitern" und „Kunden" gesprochen. Damit sind aber selbstverständlich auch die „Mitarbeiterinnen" und „Kundinnen" gemeint.

2 Zielsetzung

Generell soll die Analyse der Daten Problembereiche aufzeigen, den Handlungsbedarf offen legen, eine Ist-Analyse im Positiven wie im Negativen ermöglichen. Die konkreten Ziele einer Mitarbeiter- und Kundenbefragung werden vom Auftraggeber bestimmt.

Mit einer solchen Befragung endet jedoch die innerbetriebliche Kommunikation über die Themen der Befragung nicht. Vielmehr beginnt sie hier eigentlich erst, wenn die Befragung im Prozess der Organisationsentwicklung geplant und verstanden wird. „Schönwetter"-Befragungen, die kritische Bereiche von vornherein ausklammern, machen hier genauso wenig Sinn wie Alibi-Befragungen, deren Ergebnisse nur fürs Archiv produziert werden und auf Nimmerwiedersehen verschwinden.

Grundsätzlich beinhalten Mitarbeiter- wie Kundenbefragungen verschiedene Funktionen (vgl. Jöns), Mischformen sind in der Praxis üblich:

▶ Funktion der *Diagnose*
Erwerb von Informationen und Einschätzungen, z. B. als Basis einer Stärken-Schwächen-Analyse.
▶ Funktion der *Evaluation*
Erfassen bewerteter Informationen („Zufriedenheit mit…"), vor allem zur Bewertung einzelner Projekte etc.
▶ Funktion der *Kontrolle*
Überprüfen von Verhaltensänderungen etc.
▶ Funktion der *Intervention*
Die Befragung selbst wird dabei zum Kommunikationsinstrument mit Folgewirkungen: Die Befragung ermöglicht

den Dialog im Unternehmen, informiert und sensibilisiert Mitarbeiter und Kunden, dient dem Einstieg in Veränderungsprozesse. Vor allem bei der Kontrollfunktion besteht allerdings das Risiko, dass eher nach „Schuldigen" als nach Ursachen gesucht wird.

2.1 Mitarbeiterbefragung

Ohne Zweifel hat eine Mitarbeiterbefragung einen positiven Einfluss auf die Motivation der Kolleginnen und Kollegen, erkennen sie doch, dass ihre Anliegen beachtet werden. Dies gilt jedoch nur, wenn die Befragung ernsthaft und professionell durchgeführt wird und im Sinne einer partizipativen Unternehmensorientierung die Rückmeldung der Mitarbeiter berücksichtigt wird. Voraussetzung dafür sind u. a. die Wahrung der Anonymität bei der Umfrage sowie die freiwillige, sanktionsfreie Teilnahme. Dann kann die Mitarbeiterbefragung auch als Instrument zur Einleitung von Veränderungsprozessen im Unternehmen (Funktion der Diagnose, Evaluation und Intervention) oder zum Auf- und Ausbau des Qualitätsmanagements genutzt werden.

Übergeordnetes Ziel einer Mitarbeiterbefragung ist meist die Verbesserung des Arbeitsklimas, die Verbesserung von Arbeitsabläufen im Unternehmen oder eine stärkere Transparenz der Mitarbeiterperspektive (Tabelle 1). In diesem Rahmen können unterschiedliche Teilziele von Relevanz sein. Für die Unternehmensleitung ist u. a. der reibungslose Ablauf der Zusammenarbeit im Unternehmen wichtig, um Ressourcen freizusetzen. Oder es sollen neue Ideen und Vorschläge der Mitarbeiter aufgegriffen werden, um das kreative Potential im Unternehmen zu nutzen oder die Zufriedenheit der Mitarbeiter im Unternehmen zu erhöhen.

Bereich	Teilziele
Unternehmens-leitung	• Ermittlung des allgemeinen Stimmungs-bildes • Diagnose von Problemen • Initiierung von Veränderungsprozessen • Nutzung des kreativen Potentials der Mit-arbeiter • Verbesserung von Kommunikationsstruk-turen • Freisetzung von Ressourcen • Bindung des Humankapitals an das Unter-nehmen • Einbindung in die unternehmerische Eva-luation • Teilnahme an Qualitätswettbewerben
Unternehmens-ebenen	• Spezifische Interessen und Probleme der verschiedenen Ebenen • Verbesserung der Kommunikation zur Unternehmensleitung und zu anderen Unternehmensebenen
Mitarbeiter	• Aufzeigen von Missständen • Informationen über Ziele und Abläufe im Unternehmen • Verbesserungsvorschläge für die eigene Arbeit • Verbesserungsvorschläge für die betrieb-liche Kommunikation • Verbesserungsvorschläge bzgl. der Kom-munikation mit Kunden • Verbesserungsvorschläge für das Gesamt-unternehmen

Tab. 1: *Ziele der Mitarbeiterbefragung*

Runder Tisch

Wichtig ist es, dass Sie zu Beginn der Planung einer Mitarbeiterbefragung alle in Frage kommenden Abteilungen des Unternehmens einbinden und deren spezifische Ziele dokumentieren, um sie in den weiteren Prozess der Umsetzung integrieren zu können. Am besten ist es meist, Mitarbeitervertretung, Abteilungsleiter, Geschäftsführung etc. von vornherein mit „ins Boot" zu holen und über alle Schritte zu informieren, damit etwaige Irritationen vermieden werden.

Für die Mitarbeiter geht es häufig darum, gehört zu werden, Unzufriedenheit zu artikulieren sowie notwendige und sinnvolle Veränderungen in den Unternehmensprozess einzubringen. Häufig ist die Mitarbeiterbefragung in den Prozess der Evaluation und Qualitätssicherung eingebunden, dabei werden wichtige Entwicklungen und Fortschritte dokumentiert.

Zu berücksichtigen sind auch die spezifischen Zielsetzungen der unterschiedlichen Unternehmensebenen. Die Unternehmensleitung hat meist andere Ziele als der Vertrieb, das Reinigungspersonal andere als die Produktion.

Die Mitarbeiterbefragung sollte nicht nur eine „Alibi-Funktion" im Unternehmen haben, sondern es sollten tatsächliche Veränderungen angestrebt und die Ergebnisse umgesetzt werden, um nicht die Unzufriedenheit im Unternehmen zu erhöhen.

Alibi-Funktion

Ein Unternehmen der Automobilbranche hatte in sieben Jahren drei Mitarbeiterbefragungen durchgeführt. Die Mitarbeiter wurden jedoch nie über Ergebnisse informiert, Veränderungen waren nicht spürbar. Die Beteiligung an der dritten Befragung lag – statt bei ursprünglich 78% – nur noch bei 19% der Mitarbeiter.

2.2 Kundenbefragung

Mit einer Kundenbefragung verfolgt die Unternehmensleitung prinzipiell zwei Hauptziele. Erstens ist es wichtig für das Unternehmen zu wissen, wie die Produkte und Leistungen beim Kunden ankommen. Sie ist damit Teil eines notwendigen Feedback-Mechanismus im Unternehmen, des TQM (Total Quality Management), das Evaluation und strategisches Management beinhaltet. Zweitens wird durch eine Kundenbefragung die Bindung der Kunden an das Unternehmen gestärkt. Dies geschieht zum einen durch die Demonstration, dass die Meinung der Kunden wichtig ist, und zum anderen stärker natürlich noch durch die inhaltliche Auseinandersetzung mit den Äußerungen der Kunden. Insbesondere in Bereichen, in denen eine Positionierung nur über den Preis nicht möglich oder nicht sinnvoll ist, ist dies ein zentrales Element des Kundenmanagements.

Nicht nur die Unternehmensleitung hat jedoch ein Interesse an einer Kundenbefragung. Auch die einzelnen Abteilungen in einem Unternehmen sind daran interessiert, ein Feedback der Kunden zu erhalten, um die Arbeit zu verbessern und stärker auf die Kundenwünsche eingehen zu können. Gerade für diejenigen Mitarbeiter, die unmittelbar mit den Kunden arbeiten, ist es hilfreich und notwendig, mehr über die Sichtweise der Kunden zu erfahren. Eine Befragung spiegelt dabei mitunter das „Bauchgefühl" der Kollegen wider („haben wir eh schon gewusst"), stellt deren Meinungen aber eben auf eine solide methodisch wasserdichte Basis, von der aus sich weiterarbeiten lässt. Denkbar ist aber auch, dass das „Bauchgefühl" trügt und die Kunden z. B. Service und Gesamtunternehmen ganz anders als gedacht einschätzen und wahrnehmen.

Nicht zuletzt haben auch die Kunden ein Interesse daran, ihre Meinung z. B. in Form einer Kundenbefragung mitzuteilen. Von sich aus nehmen häufig nur sehr unzufriedene Kunden die Gelegenheit wahr, ihre Meinung dem Unternehmen mitzuteilen, da der Aufwand, selbst initiativ zu werden, doch relativ groß ist. Insofern kommt es hier leicht zu Verzerrungen in der Wahrnehmung des Unternehmens.

Eine Kundenbefragung kann also aus Sicht der Unternehmensleitung, der einzelnen Unternehmensebenen und aus Sicht der Kunden mit jeweils spezifischen Zielen betrachtet werden (Tabelle 2).

Befragungen als Basis des EFQM-Modells für Excellence

Das EFQM-Modell für Excellence bietet anhand messbarer Kriterien die Möglichkeit, die eigene Arbeit mit der von anderen Unternehmen zu vergleichen. Ziel ist es, die Qualität und Effizienz zu verbessern, indem man die erfolgreichen Strategien der besten Unternehmen in die eigene Unternehmenspolitik überträgt. Dabei ist es nicht notwendig, dass Unternehmen aus der eigenen Branche zum Vergleich herangezogen werden, es lassen sich auch erfolgreiche Strategien von branchenfremden Unternehmen übertragen. Häufig ist dieser Blick über den „eigenen Tellerrand" sogar die vielversprechendere Strategie.

Gerade bei Mitarbeiter- und Kundenbefragungen kann das EFQM-Modell für Excellence sehr hilfreich sein. So wird z. B. Mitarbeiter- oder Kundenzufriedenheit anhand von Punktwerten in einem System von Unternehmensführung, Mitarbeiter- und Kundenorientierung etc. verortet. Ergebnis ist ein

Punktwert von 0 bis 1000, der die Leistungsfähigkeit des Unternehmens kennzeichnet. Vergleicht man diesen Punktwert mit den aggregierten Werten anderer Unternehmen, so kann man die momentane Position des eigenen Unternehmens analysieren.

Eine vom Unternehmen ausgehende Befragung bietet den Kunden jedoch die Möglichkeit, nicht nur Kritik, sondern auch Lob und Zufriedenheit zu äußern, so dass das Unternehmen dann auch auf dieser Grundlage Produkte und Leistungen beibehalten oder verändern kann.

Zielgruppen bei Kundenbefragungen sind:

▶ Stammkunden,
▶ ehemalige Kunden,
▶ einmalige Kunden,
▶ beste Kunden,
▶ problematische Kunden,
▶ Nichtkunden,
▶ Zielkunden…

Die Imageanalyse als Sonderform der Kundenbefragung berücksichtigt gleichzeitig auch noch folgende Zielgruppen (vgl. auch Kapitel 6.2 zu Imageanalysen):

▶ Presse,
▶ Mitarbeiter,
▶ Gesamtbevölkerung,
▶ Zulieferer,
▶ Kooperationspartner.

Nimmt man die drei Ebenen der Betrachtung zusammen, bietet eine Kundenbefragung die Chance, Unter-

Bereich	Teilziele
Unternehmens-leitung	• Steigerung des Wissens über Kunden und deren Erwartungen • Erfahren von Möglichkeiten der Qualitätsverbesserung • Erfahren von zusätzlichen Absatzmöglichkeiten • Einbinden der Kunden in den Unternehmensprozess • Langfristige Kundenbindung • Überprüfen des Umgangs der Mitarbeiter mit Kunden • Qualitäts- und Erfolgskontrolle des Unternehmens • Erhöhung der Planungssicherheit • Aufzeigen der Marktposition im Vergleich zu Mitbewerbern
Unternehmens-ebenen	• Verbesserung der Kontakte zum Kunden • Kundeneinschätzung der Stärken und Schwächen des Unternehmens • Äußerung von Wünschen an das Unternehmen • Aufzeigen von Missständen bzgl. Qualität der Produkte und Mitarbeiter des Unternehmens

Tab. 2: *Ziele der Kundenbefragung*

nehmensinteressen mit Mitarbeiterqualifizierung und dem Feedback der Kunden zu verbinden, um gezielt die Qualität von Produkten und Leistungen zu halten oder zu verbessern.

3 Organisation der Befragungen

Jede Mitarbeiter- und Kundenbefragung benötigt ein hohes Maß an Organisation, wenn die Befragung erfolgreich durchgeführt werden soll. Dazu gehört neben der Planung der einzelnen Ablaufschritte die Vorausüberlegung, mit welchen Schwierigkeiten in den einzelnen Phasen der Befragung zu rechnen ist. Nicht zuletzt gehört zur Organisation eine solide Finanzierung, unter Berücksichtigung der Folgekosten, damit auch eine erfolgreiche Umsetzung der Ergebnisse möglich ist.

> **Lernprozesse**
> Häufig ist bereits die Vorbereitung und Durchführung der Befragung mit Lernprozessen im Unternehmen verbunden, die zu einer Verbesserung des Betriebsklimas und der Unternehmenskultur führen. Initialzündung hierbei ist häufig, *dass* überhaupt nach der Meinung von Mitarbeitern und/oder Kunden gefragt wird.

Allerdings scheitern Mitarbeiter- und Kundenbefragungen mitunter eben gerade an der fehlerhaften Durchführung und den unterschiedlichen, sich gegenseitig blockierenden Interessen der eingebundenen Partner. Zudem ist es für viele Personen, gerade aus dem beteiligten Unternehmen, schwierig, den Überblick über die Abläufe im Unternehmen sicherzustellen und gleichzeitig die Fachkompetenz bei der Durchführung der Befragung aufrechtzuerhalten (Fragebogenkonstruktion, Antizipieren von Ausfällen, fundierte statistische Kenntnisse etc.). Methodisches Halbwissen und eine Haltung nach dem Motto „lass uns halt mal einen Fragebogen machen" bergen das Risiko, Ressourcen zu vergeuden, Geld, Zeit und Personal ineffektiv einzusetzen.

Auch die unterschiedlichen Interessen der eingebundenen Stellen im Unternehmen gefährden nicht nur die erfolgreiche Durchführung der Befragung, sondern auch deren Umsetzung (Angst vor Kompetenzverlust und Veränderungen etc.).

Befragungen erfordern deshalb ein hohes Maß an methodischen Kenntnissen, die nicht in jedem Unternehmen vorhanden sind. Methodisches Halbwissen oder mal „Drauflosbefragen" („so schwer kann das ja nicht sein") bergen das Risiko, Ressourcen zu vergeuden und das Projekt in den Sand zu setzen.

Eventuell bietet es sich an, externe Berater zu Rate zu ziehen, die entweder einzelne Schritte des Projekts (Formulierung des Fragebogens, Auswertung u. a.) oder die gesamte Konzeption übernehmen. Ansprechpartner sind Sozial- und Wirtschaftsforscher, Unternehmensberater etc.

Wichtig: Auch hier ist der „Billigste" nicht unbedingt der Beste! Und bitte lassen Sie sich Referenzen zeigen und fragen Sie im Vorfeld konkret und kritisch nach.

3.1 Grundgerüst einer Befragung

WAS BRINGT ES?

Sowohl Kunden- als auch Mitarbeiterbefragungen weisen eine Vielzahl von Vorzügen auf, die der Sicherung der Zukunft von Unternehmen dienen, wenn sie methodisch sauber durchgeführt werden.

Vorzüge Mitarbeiterbefragung

Gerade in Dienstleistungsbranchen sind die Perspektive der Mitarbeiter und ihre Einbindung eine zentrale Voraussetzung für das Gelingen der Arbeit. Um den Veränderungen gerecht zu werden, ist es notwendig, *alle* betroffenen Mitarbeiter in den Veränderungsprozess einzubeziehen. Da die Mitarbeiter die täglichen Probleme kennen, mittelbar und meist auch direkt mit den Kunden arbeiten, sollten diese Erfahrungen genutzt werden, um gezielte und praxisrelevante Veränderungen herbeizuführen. Damit nutzt die Leitung gleichzeitig das Potential der Mitarbeiter und schafft die Basis, um Veränderungen einzuleiten.

Vorzüge Kundenbefragung

Kundenbefragungen wiederum sind wichtige Instrumente eines umfassenden Kundenmanagements. Eine konsequente und unternehmensweite Umsetzung verschafft dem Unternehmen die notwendige Überlegenheit gegenüber der Konkurrenz. Kundenbefragungen sind dabei Ausdruck einer intensiven Service- und Kontaktqualität des Unternehmens. Im Gegensatz zur Bindung des Kunden über niedrige Preise führt das Wissen um Wünsche und Bedürfnisse der Kunden häufig zu einer langfristigen Bindung, die von Wettbewerbern nur schwer durchbrochen werden kann (vgl. Pocket Power Kundenzufriedenheit).

WORUM GEHT ES?

Was aber ist denn nun eigentlich eine Befragung? Fragen stellen kann ja wohl jeder – selbst für dreijährige Kinder ist dies eine der leichtesten Übungen.

Wenn hier von Befragungen die Rede ist, dann ist allerdings eine Sonderform gemeint: die der empirisch basierten Erhebungen, die bestimmten wissenschaftlichen Regeln folgen und zu methodisch nachvollziehbaren Ergebnissen kommen.

Was ist empirisches Arbeiten?

Empirisches Arbeiten ist eine wissenschaftliche, durchaus sehr praxisorientierte Arbeitsmethode:
- Empirische Forschung meint die *systematische* Erfassung und Interpretation sozialer, wirtschaftlicher, politischer Fragen.
- *Empirisch* bedeutet dabei, dass theoretisch formulierte Annahmen (Hypothesen) an der Realität überprüft werden. Hypothesen sind hier auch im Sinne von Forschungsfragen zu verstehen, die die Ziele der Untersuchung weiter konkretisieren.
- *Systematisch* heißt, dass dies nachvollziehbar über bestimmte einheitliche Auswahl- und Erhebungstechniken vor sich geht.

Die standardisierte Befragung ist dabei ein Instrument der empirischen Analyse, es gibt noch andere, so genannte nichtstandardisierte Verfahren, die im Kapitel 4 dargestellt werden. Ob ein Verfahren als standardisiert bezeichnet wird, hängt im Wesentlichen davon ab, ob die Fragen und Antwortmöglichkeiten weitgehend vorgegeben sind oder ob das Verfahren z. B. Raum lässt für nicht vorgefertigte Antworten und spontane Fragen.

Beide Arten von Verfahren werden im Rahmen von Kunden- und Mitarbeiterbefragungen eingesetzt und haben je nach Fragestellung und Zielsetzung ihre Berechtigung.

Empirische Analysen sind dabei die Basis für eine Form der Reflexion. Durch ihren Einsatz kann die eigene Verhaltensorientierung reflektiert werden. Ziel wäre, die eigene Handlungspraxis noch stärker zu professionalisieren.

> **Vorsicht bei: „Lass uns kurz mal einen Fragebogen machen"**
>
> Fragen, die im Alltagsgespräch funktionieren, können in einem Fragebogen vollkommen missverständlich sein. Einfach mal so drauflos die Fragen zu basteln oder einen fremden Fragebogen zu adaptieren, kann unnötig Ressourcen kosten und Geld, Zeit und Personal vergeuden. Den Gefahren methodischen Halbwissens trotzt, wer sich dessen bewusst wird und von Anfang an gezielt Rückmeldungen im Team oder bei externen Experten sucht – für die Ziele der Untersuchung, die Vorgehensweise, die Methodik.

Als Vorteile von Befragungen auf Basis empirischer Methoden sind zu sehen:

- ▶ mehr Information und mehr Transparenz,
- ▶ methodisch abgesichertes Feedback,
- ▶ klarere Zielgruppenorientierung,
- ▶ zielgenauere Argumentation,
- ▶ klarere Legitimation von Entscheidungen,
- ▶ zielgenauere Interventionsmöglichkeiten.

Was bei einer Mitarbeiter- bzw. Kundenbefragung im Vorfeld zu beachten ist, zeigen die in den Bildern 2 und 3 dargestellten Checklisten. Eine strukturierte Befragung erfolgt dabei nach einem bestimmten Ablauf (Bild 4).

Checkliste zur Vorbereitung einer Mitarbeiterbefragung

1. Diese Ziele sollen verfolgt werden:

- [ ] Mitarbeiterzufriedenheit erhöhen und damit Mitarbeiter binden
- [ ] Ideenpotential der Mitarbeiter nutzen und Partizipation stärken
- [ ] Veränderungsmaßnahmen einleiten
- [ ] Schwachstellen aufdecken und Handlungsbedarf erkennen
- [ ] Kontrolle der Verbesserungsmaßnahmen

2. Diese Bereiche sollen untersucht werden:

- [ ] Arbeitssituation allgemein
- [ ] Führungssituation
- [ ] Unternehmenssituation
- [ ] interne Kommunikation und Kooperation
- [ ] interne Kundenorientierung
- [ ] Innovationsklima
- [ ] Unternehmensimage

3. Im Bereich Mitarbeiterzufriedenheit möchte ich wissen:

- [ ] allgemeine Zufriedenheit der Mitarbeiter
- [ ] Zufriedenheit mit Unternehmensbereichen
- [ ] Ursachen der (Un-)Zufriedenheit
- [ ] Prioritätenliste für Verbesserungen
- [ ] Kontrolle der Verbesserungsmaßnahmen
- [ ] Anregungen für Verbesserungen

4. Zur Unternehmens- und Marketingstrategie interessiert mich:

- [ ] interne Imageanalyse und geeignete Mittel zur Imageveränderung
- [ ] Kenntnisstand aller Mitarbeiter zur Unternehmenssituation
- [ ] Beurteilung der Unternehmens- bzw. Marketingstrategie durch mittleres bzw. oberes Management
- [ ] Schwachstellen bei organisatorischen Abläufen
- [ ] Auswirkungen der Veränderungen der Bevölkerungsstruktur

5. Für wen benötige ich die Informationen?

- [ ] Geschäftsleitung
- [ ] Marketing-/Vertriebs-/Serviceleitung
- [ ] Qualitätsmanagement
- [ ] Betriebsrat

6. Wann benötige ich die Informationen?

- [ ] einmalig und schnell für kurzfristige Entscheidungen
- [ ] fortlaufend zur Absicherung und Kontrolle meiner Entscheidungen
- [ ] in unregelmäßigen Abständen zur Überprüfung meiner Strategien

7. Wer soll befragt werden?

- [ ] alle Mitarbeiter
- [ ] ausgewählte Mitarbeiter
- [ ] ehemalige Mitarbeiter
- [ ] mittlere Managementebene
- [ ] obere Managementebene
- [ ] Einkäufer
- [ ] Service- bzw. Produktnutzer

8. Wer führt die Mitarbeiterbefragung durch?

Eigenes Personal, wenn

- [ ] freie Kapazitäten bzw. freie Ressourcen
- [ ] Know-how vorhanden
- [ ] Erfahrung und ggf. Software vorhanden
- [ ] Interessenkonflikte, Färbung der Ergebnisse tolerierbar
- [ ] Auswertung, Analyse und Interpretation gewährleistet

Externes Institut, wenn

- [ ] Objektivität und Neutralität unverzichtbar
- [ ] professionelle Auswertungsverfahren
- [ ] gutes Preis-Leistungs-Verhältnis
- [ ] Datenschutz gesichert
- [ ] zügige Abwicklung

© Modus Bamberg

Bild 2: *Checkliste zur Vorbereitung einer Mitarbeiterbefragung*

Checkliste zur Vorbereitung einer Kundenbefragung

1. Im Bereich Kundenzufriedenheit möchte ich wissen:

☐ allgemeine Zufriedenheit unserer Kunden
☐ Kundenzufriedenheit nach Bereichen
☐ Ursachen für Zufriedenheit und Unzufriedenheit
☐ Steigerung mit effizienten Mitteln
☐ Prioritätenliste für Verbesserungen
☐ Kontrolle der Verbesserungsmaßnahmen

2. Zum Marktpotential interessiert mich:

☐ Kenntnis des Leistungsangebots bei unseren Kunden
☐ Kenntnisstand bei potentiellen Kunden
☐ Absatzchancen
☐ Kaufvolumen bei vorhandenen Kunden
☐ Kaufvolumen bei potentiellen Kunden

3. Zur Werbeplanung und Werbe- erfolgskontrolle möchte ich wissen:

☐ Mediennutzung der Zielgruppe
☐ Festlegung bzw. Anpassung der eingesetzten Werbemittel
☐ Kontrolle der Effizienz der Werbemittel
☐ Kontrolle der Werbestrategie im Hinblick auf die Entwicklung der Kundenstruktur
☐ Bekanntheitsgrad (-verbesserung)
☐ Imageanalyse und geeignete Mittel zur Imageveränderung

4. Im Bereich Kundenentwicklung interessiert mich:

☐ momentane Kundenstruktur
☐ Festlegung von Kundengruppen (Kundensegmentierung)
☐ Entwicklung unserer Kundenstruktur
☐ Entwicklung einzelner Zielgruppen
☐ Auswirkungen der Veränderungen der Kundenstruktur

5. Für wen benötige ich die Informationen?

☐ Kunden
☐ Geschäftsleitung
☐ Marketing-/Vertriebs-/Serviceleitung
☐ Qualitätsmanagement
☐ Entwicklung oder Produktion
☐ Controlling
☐ Zertifizierungsstellen

6. Wann benötige ich die Informationen?

☐ einmalig und schnell für kurzfristige Entscheidungen
☐ fortlaufend zur Absicherung und Kontrolle meiner Entscheidungen
☐ in unregelmäßigen Abständen zur Überprüfung meiner Unternehmensstrategien

7. Datenmaterial:

☐ liegt vor (Sekundärforschung, Data-mining)
☐ muss erhoben werden
☐ beides

8. Wer soll befragt werden?

☐ alle aktiven Kunden
☐ ausgewählte Kunden
☐ verlorene Kunden
☐ Wunschkunden
☐ Nichtkunden
☐ Händler
☐ Geschäftsführer
☐ Einkäufer
☐ Service- bzw. Produktnutzer
☐ Gesamtbevölkerung (repräsentativ)

© Modus Bamberg

Bild 3: *Checkliste zur Vorbereitung einer Kundenbefragung*

Ablaufplan einer Befragung

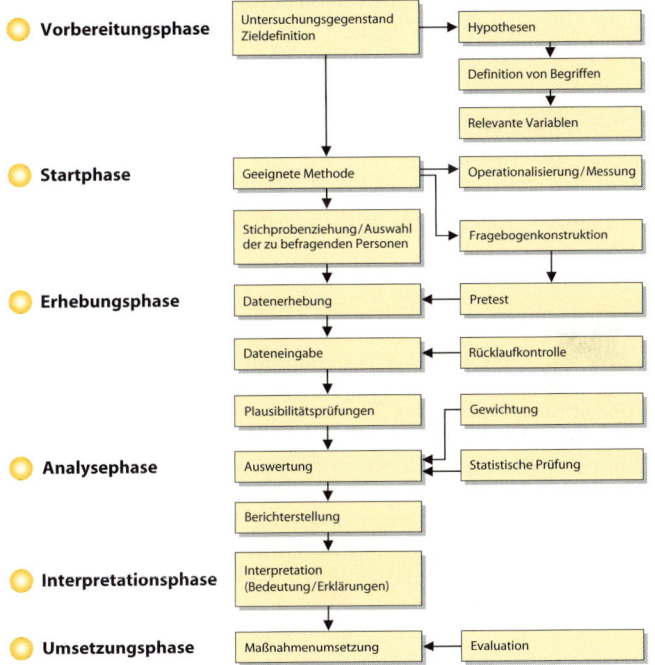

Bild 4: *Typischer Ablauf einer Befragung*

WIE GEHE ICH VOR?

Hauptphasen und Ablauf

Im Folgenden wird nun der zeitliche und logische Ablauf einer Befragung dargestellt. Die Übersicht orientiert sich an einer *Mitarbeiter*befragung. Für die *Kunden*befragung gilt ein analoges Vorgehen.

An erster Stelle steht im Rahmen der Konzeption eine klare Zielsetzung. Warum soll das Projekt durchgeführt werden? Welche Fragen sollen damit beantwortet werden? Unterscheiden sich z. B. die Fragen von Geschäftsführung und Mitarbeitervertretung? Die Fragen lassen sich als Forschungsfragen oder bereits in Form von Hypothesen formulieren. Die Hypothesen – meist in der logischen Form „Je ..., desto ..." formuliert – werden dann durch die Ergebnisse des Befragungsprojekts bestätigt (verifiziert) oder verworfen (falsifiziert).

Hypothesen und Ziele

Ziel einer Kundenbefragung könnte sein, die Zufriedenheit mit dem Produkt XY zu untersuchen. Hypothesen, die dieses Ziel weiter konkretisieren – und damit *operationalisierbar* machen –, sind z. B.: „Je häufiger das Produkt genutzt wird, desto höher ist die Zufriedenheit" oder „Die Zufriedenheit mit dem Produkt sinkt mit dem Alter." Welche Hypothesen dabei im Sinne von Untersuchungsfragen formuliert werden, hängt von den übergeordneten Zielen und Fragestellungen der Untersuchung ab. Pro Projekt lassen sich mitunter 50 bis 60 Hypothesen aufstellen.

Sind Ziele, Teilziele und Projektfragen geklärt, wird auch deutlich, über wen eigentlich Aussagen getroffen werden (z. B. nur über tarifliche Mitarbeiter oder über frühere Kunden, die mindestens ein Jahr nichts mehr bestellt haben etc.). Diese definierte Gruppe ist dann die so genannte *Grundgesamtheit*. Daraus ergeben sich dann wiederum Überlegungen zum Kostenrahmen, zum Zeitplan und zur Form der Befragung, die im Kapitel 4 beschrieben wird.

Durchführung und Auswertung der Befragung bilden den praktischen Teil des Projekts. Die Ergebnisse münden dann idealerweise in Handlungsempfehlungen und/oder bereits in eine Umsetzung der Daten aus den Befragungen. Der letzte Schritt besteht aus einer Evaluation der Umsetzung und der Veränderungsprozesse. Insofern ist eine Mitarbeiter- oder Kundenbefragung häufig nicht als singuläres Projekt zu sehen, sondern eher als Ausdruck eines nachhaltigen Interesses an Qualitätssicherung und Transparenz: Die Ergebnisse der einen Erhebung bilden dann – mit zeitlichem Abstand – die Grundlage für weitere Befragungen und Evaluationen (siehe auch Kapitel 5.2). Tabelle 3 zeigt die einzelnen Phasen und den typischen Ablauf einer Mitarbeiterbefragung.

Phase	Ablauf
Konzeption	• Zielsetzung formulieren • Konkrete Hypothesen • Alle Unternehmensebenen einbinden • Klären der Erwartungen der Mitarbeiter • Unternehmensklima (Widerstände berücksichtigen etc.) • Wunsch oder externer Druck, tatsächlich etwas zu ändern
Vorbereitung	• Mitarbeiterinformation • Externe Beratung • Qualitätskriterien definieren • Motivation zur Teilnahme • Vertrauen schaffen
Ökonomische Aspekte	• Kosten- und Zeitkalkulation der Befragung • Kostenrahmen für Maßnahmen
Durchführung	• Art der Befragung festlegen • Qualitätsstandards/TQM-Einbindung

Tab. 3: *Phasen und Ablauf der Mitarbeiterbefragung*

Phase	Ablauf
Durchführung	• Datenschutz/Anonymität sichern • Freiwilligkeit sicherstellen
Transparenz	• Wie werden Ergebnisse ausgewertet? • Was wird mit Ergebnissen gemacht? • Feedback an Befragte
Ergebnisse	• Verwertbare Ergebnisse finden • Interpretation • Formulierung von Handlungsempfehlungen • Verständliche und transparente Präsentation • Darstellung von (ausgewählten) Ergebnissen auf verschiedenen Ebenen des Unternehmens • Wahrung der Anonymität
Veränderung und Evaluation	• Umsetzung der Empfehlungen • Einbindung in laufende Verbesserungsprozesse • Evaluation der Umsetzung

Tab. 3 (Fortsetzung): *Phasen und Ablauf der Mitarbeiterbefragung*

3.2 Planung und Vorbereitung

WORUM GEHT ES?

Sowohl Mitarbeiter- als auch Kundenbefragungen benötigen eine detaillierte Planung der einzelnen Schritte. Häufig wird zu einseitig auf die methodische Komponente, z. B. die Erstellung „irgendeines" Fragebogens, Wert gelegt und werden die zeitlichen Rahmenbedingungen sowie die Vorbereitung der einzelnen Schritte zur erfolgreichen Durchführung unterschätzt.

Bei der Planung und Vorbereitung geht es um folgende Kriterien, die zu berücksichtigen sind:

▶ zeitlicher Ablauf des Projekts,
▶ finanzielle Ressourcen,
▶ einzubindendes Personal,
▶ inhaltliche Konzeption der Befragung,
▶ Rahmenbedingungen.

Die in den Bilder 5 und 6 dargestellten Übersichten zeigen Beispiele für das Zeitmanagement bei Kunden- und Mitarbeiterbefragungen. Deutlich wird, dass Befragungsprojekte in einem überschaubaren Rahmen durchgeführt werden können, aber eine gewisse Vorlauf- und Planungsperiode unabdingbar ist. Dies wäre natürlich bei der Kostenplanung („Mannstunden") entsprechend zu berücksichtigen.

WAS BRINGT ES?

Je genauer die Planung zu Beginn der Befragung erfolgt, desto geringer sind meist die Probleme, die bei der Durchführung auftreten. Eine detaillierte Ablaufübersicht ermöglicht zudem auch die genaue zeitliche Planung sowie die Planung des benötigten Personals.

WIE GEHE ICH VOR?

Hilfreich ist es, einen genauen Ablaufplan und einen detaillierten Zeitplan zu erstellen, der eventuelle Probleme berücksichtigt und zeitlich einen gewissen Spielraum lässt, um nicht unnötig unter Druck zu geraten, falls sich ein Durchführungsteil verzögert („Pufferzeit").

		Zeitdauer in Wochen
		1	2	3	4	5	6	7	8	9	10	11	12	13	14	15	16	17	18	19	20	21	22	23	24	25	26
Konzeption	Zielsetzung																											
	Klärung der Erwartungen																											
	Ablaufplan																											
	Einbindung aller Ebenen																											
	Kostenkalkulation																											
Vorbereitung	Mitarbeiterinformation																											
	Qualitätskriterien																											
	Motivation zur Teilnahme																											
	Klärung Datenschutz																											
	Art der Befragung																											
Durchführung	Mitarbeiterinformation																											
	Ausgabe der Fragebögen/mdl. Interviews																											
Ergebnisse	Auswertung																											
	Darstellung der Ergebnisse																											
	Diskussion der Ergebnisse																											
Umsetzung	Formulierung von Empfehlungen																											
	Arbeitskreis "Umsetzung der Empfehlungen"																											
	Mitarbeiterinformation																											
	Umsetzung der Maßnahmen																											
	Evaluation																											
Übergreifend	TQM-Einbindung																											
	Externe Beratung																											

Bild 5: *Zeitplan Mitarbeiterbefragung*

Zeitdauer in Wochen

		1	2	3	4	5	6	7	8	9	10	11	12	13	14	15	16	17	18	19	20	21	22	23	24
Konzeption	Zielsetzung																								
	Klärung der Erwartungen																								
	Ablaufplan																								
	Einbindung aller Ebenen																								
	Kostenkalkulation																								
Vorbereitung	Mitarbeiterinformation																								
	Qualitätskriterien																								
	Klärung Datenschutz																								
	Art der Befragung																								
Durchführung	Ausgabe der Fragebögen																								
	Rücklaufkontrolle																								
Ergebnisse	Auswertung																								
	Darstellung der Ergebnisse																								
	Diskussion der Ergebnisse																								
Umsetzung	Formulierung von Empfehlungen																								
	Kundeninformation																								
	Umsetzung der Maßnahmen																								
	Evaluation																								
Übergreifend	TQM-Einbindung																								
	Externe Beratung																								

Bild 6: *Zeitplan Kundenbefragung*

Schritt 1: Festlegen der Aufgaben

Je genauer die Aufgaben festgelegt werden, desto leichter ist es, die einzelnen Arbeiten auf die beteiligten Mitarbeiter zu verteilen. Bei externer Beratung und Durchführung der Befragung sollte zumindest ein *unternehmensinterner* Teil für die Vorbereitung, die Startphase und die Umsetzung im Unternehmen sowie die Nahtstelle zur externen Beratung bezeichnet werden.

Schritt 2: Festlegen des zeitlichen Ablaufs

Jeder einzelnen Aufgabe sollte eine Zeitplanung zugeordnet werden. Dabei sollte ein Spielraum für unvorhergesehene Ereignisse (Krankheit von Mitarbeitern, Verzögerung des Drucks der Fragebögen etc.) einbezogen werden.

Schritt 3: Konzeption des Endes der Befragung

Besonders wichtig ist das Ende der Befragung. Am Schluss, wenn die Ergebnisse vorhanden sind, sollte der (internen) Informationspolitik und Präsentation der Ergebnisse besondere Bedeutung beigemessen werden, um zu zeigen, dass man sich auch über die Umsetzung der Ergebnisse Gedanken macht. Dies ist nicht nur bei Mitarbeiterbefragungen der Fall, bei denen es in besonderem Maße darauf ankommt, konkrete Maßnahmen umzusetzen und den Mitarbeitern zu zeigen, dass ihre Meinungen berücksichtigt werden. Letzteres gilt in besonderem Maße auch für Kundenbefragungen, da Unternehmensabläufe und Kundenbindung mit den Ergebnissen optimiert werden können.

3.3 Umgang mit Widerständen und Problemen

WORUM GEHT ES?

Normalerweise gibt es keine Mitarbeiter- oder Kundenbefragung ohne Probleme. Dies kann die Auswahl der Ziele und konkreten Inhalte (Variablen) betreffen, die Beteiligung an der Befragung (Rücklaufquote) oder die Frage, was mit den Ergebnissen denn nun geschehen soll. Wo vielfältige Interessen aufeinander treffen, ist dies ganz normal. Die Frage ist jedoch, wie man diesen Problemen begegnet. Die beste Strategie ist, von Beginn an zu versuchen, alle möglichen Probleme zu berücksichtigen, schriftlich festzuhalten und nach Möglichkeit Gegenstrategien zu entwickeln (z. B. alle beteiligten Unternehmensbereiche und Mitarbeitergruppen so weit wie möglich schon in die Konzeption einzubeziehen etc.). Dann bleiben nur noch unvorhersehbare Probleme, die sich in aller Regel in Grenzen halten.

3.3.1 Widerstände bei Mitarbeiterbefragungen

Bei Mitarbeiterbefragungen ist oft mit Widerständen der Mitarbeiter gegen die Befragung zu rechnen. Häufig sind die Widerstände entstanden aus Unkenntnis der Zielsetzung oder aufgrund von Ängsten, was die Ergebnisse für einzelne Mitarbeiter an Veränderungen, wie z. B. Mehrarbeit oder Arbeitsplatzverlust, bringen. Um diesen Widerständen zu begegnen, ist es besonders wichtig, von vornherein Vertrauen zu schaffen durch eine gezielte und umfassende *Informationspolitik* des Unternehmens.

3.3.2 Widerstände bei Kundenbefragungen

Bei Kundenbefragungen sind die Widerstände der Mitarbeiter wesentlich geringer, natürlich schon deshalb, weil einerseits meist weniger Mitsprachemöglichkeit bei der Durchführung besteht und andererseits die Daten von den Kunden erhoben werden. Umso wichtiger ist es für ein gutes Betriebsklima, auch die Mitarbeiter über die Ziele und Ergebnisse der Kundenbefragung zu informieren. Die größten Widerstände können sich beim Kunden zeigen, in aller Regel aber nur dann, wenn die Befragung schlecht vorbereitet oder unprofessionell durchgeführt wird. Diesen Defiziten kann man allerdings mit den entsprechenden methodischen Instrumenten und Kenntnissen (siehe Kapitel 4) begegnen.

WAS BRINGT ES?

Mögliche Probleme zu antizipieren und sich bereits im Voraus Gegenstrategien zu überlegen, hat folgende Vorteile:

▶ Einsparung von finanziellen und zeitlichen Ressourcen, da man auf Probleme vorbereitet ist und schnell und effizient reagieren kann.
▶ Frustration bei den Mitarbeitern wird minimiert. Ein reibungsloser Ablauf erhöht die Motivation der Mitarbeiter.
▶ Bei bestimmten Arbeiten (Fragebogenkonstruktion, Datenerhebung etc.) sind die Fehler, die gemacht werden, irreversibel, d. h., man kann z. B. nicht zusätzlich Fragen noch *nach* der Datenerhebung stellen, wenn man sie vergessen hat.

Die Tabellen 4 und 5 zeigen Lösungsmöglichkeiten von typischen Problemen einer Mitarbeiter- bzw. Kundenbefragung.

Phase der Kunden- befragung	Mögliche Probleme	Lösung
Konzeption	▶ Unrealistische Ziele (allumfassende Problem- lösungen)	▶ Ziele in einzelne kleine Teilschritte zerlegen
	▶ Überzogene Erwartungen der Mitarbeiter	▶ Mitarbeiter in die Zielfindung einbinden, Arbeitskreis bilden
	▶ Negatives Unternehmens- klima	▶ Positive Aspekte der Mitarbeiterbefragung hervorheben
	▶ Alibi-Befragung	▶ Mitarbeiterbefragung zu aufwändig
Vor- bereitung	▶ Verzögerungen durch Datenschutzbedenken	▶ Einbindung aller Unternehmensteile, Forum für Bedenken und Anregungen schaffen
	▶ Zu befragende Inhalte problematisch	▶ Externe Beratung
	▶ Motivation zur Teilnahme gering	▶ Offenlegung der Zielsetzungen, Transparenz
Ökonomie	▶ Kritik: Kosten für Befragung	▶ Aufwand-Nutzen-Transparenz
Durch- führung	▶ Zu geringe Beteiligung wegen Bedenken bzgl. Datenschutz	▶ Bereits im Vorfeld Erläuterung der Vorgehensweise, bedingungslose Transparenz
	▶ Probleme bei der Durch- führung der Befragung (Fragebogeninhalte, Ein- haltung von Qualitäts- standards etc.)	▶ Externes Unternehmen als Garant für reibungslosen Ablauf und Wahrung des Datenschutzes
Transparenz	▶ Vorwurf: Ergebnisse werden von der Leitung beeinflusst	▶ Externes Unternehmen, um Vorwürfen vorzubeugen
		▶ Information über Vorgehensweise bei der Präsentation der Ergebnisse
Ergebnisse	▶ Die Ergebnisse sind nicht eindeutig	▶ Detailliertere Auswertung, multiple Auswertungs- verfahren
	▶ Ergebnisse sind für die Mit- arbeiter nicht verständlich	▶ Mündliche Diskussion der Ergebnisse, nicht nur schriftlich, Einsetzen eines Arbeitskreises aus Mitarbeitern und Leitung
	▶ Mitarbeiter oder Leitung sind mit den Ergebnissen nicht zufrieden	▶ Vergleich mit Erwartungen zu Beginn, Ursachensuche, Aufnahme in Evaluation
Evaluation	▶ Mitarbeiter haben das Ge- fühl, dass nichts geschieht	▶ Schaffen eines Forums zur Mitarbeiterinformation (z. B. gesondertes Rundschreiben mit Umsetzungen etc.)
		▶ Kurze Zeitspanne zwischen Befragung und Ergebnissen
	▶ Umsetzungen kosten der Leitung zu viel Geld	▶ Gemeinsam mit Mitarbeitern überlegen, wie Alter- nativen aussehen, Formulierung einer Rangliste mit Kostenaufstellung

Tab. 4: *Phasen der Mitarbeiterbefragung*

Phase der Kundenbefragung	Mögliche Probleme	Lösung
Konzeption	▶ Unrealistische Ziele (allumfassende Problemlösungen) ▶ Unklare Erwartungen der Unternehmensleitung	▶ Ziele in einzelne kleine Teilschritte zerlegen ▶ Mitarbeiter mit Kundenkontakt in die Zielfindung einbinden
Vorbereitung	▶ Verzögerungen durch Datenschutzbedenken ▶ Zu befragende Inhalte problematisch ▶ Unternehmensinterne Motivation zur Teilnahme gering	▶ Frühzeitige Prüfung der Datenschutzeinhaltung ▶ Externe Beratung ▶ Offenlegung der Zielsetzungen, Transparenz
Ökonomie	▶ Kritik: Kosten für Kundenbefragung	▶ Aufwand-Nutzen-Transparenz
Durchführung	▶ Zu geringe Rücklaufquote ▶ Probleme bei der Durchführung der Befragung (u. a. Inhalte, Einhaltung von Qualitätsstandards)	▶ Nach-und Zusatzerhebungen ▶ Externes Unternehmen als Garant für reibungslosen Ablauf und Wahrung des Datenschutzes
Transparenz	▶ Vorwurf: Ergebnisse werden genutzt, um Druck auf Mitarbeiter zu erhöhen	▶ Externes Unternehmen, um Vorwürfen vorzubeugen
Ergebnisse	▶ Die Ergebnisse sind nicht eindeutig ▶ Unternehmensleitung ist mit den Ergebnissen nicht zufrieden	▶ Detailliertere Auswertung, multiple Auswertungsverfahren ▶ Vergleich mit Erwartungen zu Beginn, Ursachensuche, Aufnahme in Evaluation
Evaluation	▶ Umsetzungen kosten der Leitung zu viel Geld	▶ Gemeinsam mit Mitarbeitern: Suche nach Alternativen, Formulierung einer Ranglíste mit Kostenaufstellung

Tab. 5: *Phasen der Kundenbefragung*

WIE GEHE ICH VOR?

Schritt 1: Probleme antizipieren

Für jeden Punkt der Ablaufplanung sowie des Zeitplanes sollte überlegt werden, welche Probleme prinzipiell auftreten können. So kommt es z. B. bei der Vorbereitung der Datenerhebung häufig zu Verzögerungen, wenn Datenschutzbedenken geäußert werden und diese ausgeräumt werden müssen. Die Einbindung des zuständigen Datenschutzbeauftragten sowie der Personalvertretung sollte deshalb so bald wie möglich erfolgen (siehe auch Kapitel 3.6).

Schritt 2: Lösungen überlegen

Für jedes Problem gibt es eine Lösung. Manche Lösungen sind in wenigen Minuten gefunden, manche dauern etwas länger. Man sollte deshalb bei der Zeitplanung darauf achten, dass genügend Zeit für Problemlösungen eingeplant wird (an Pufferzeiten denken).

Schritt 3: Einbindung der Lösungen in die Befragung

Hat man die Lösungen zu den möglichen Problemen gefunden, sollte man versuchen, diese Lösungen bereits in die Arbeitsschritte einzubinden, wie z. B. bei Problemen mit dem Datenschutz etc.

3.4 Finanzierung

WORUM GEHT ES?

Die Finanzierung stellt bei Mitarbeiter- und Kundenbefragungen häufig ein großes Problem dar. In Anbetracht der wirtschaftlichen Lage sehen es viele Mitarbeiter nicht ein, weshalb Geld für Befragungen ausgegeben werden soll. Gerade bei der Mitarbeiterbefragung wird argumentiert, dass es erheblich mehr zur Motivation der Mitarbeiter beitragen würde, wenn die Kosten für die Befragung direkt den Mitarbeitern zugute kämen. Dies ist allerdings sehr kurz gedacht, denn eine Mitarbeiterbefragung hat wesentlich mehr Ziele, als die Motivation der Mitarbeiter zu erheben, so dass ein Teil der Gelder auf jeden Fall ausgegeben werden muss, um die – z. B. im Rahmen von Dokumentation und Qualitätssicherung – erforderlichen Daten zu erhalten. Darüber hinaus sichert diese Form der Rückmeldung eine valide Basis für Teamsitzungen etc., von der dann wiederum auch die Mitarbeiter direkt und indirekt profitieren können.

WAS BRINGT ES?

Die Kosten für eine Mitarbeiter- oder Kundenbefragung hängen ab von der:

▶ Zielsetzung der Befragung,
▶ Komplexität der Befragung,
▶ gewählten Grundgesamtheit,
▶ Anzahl der Mitarbeiter und Kunden,
▶ Detailliertheit der Befragung,
▶ Befragungsart,
▶ Umsetzung der Ergebnisse,
▶ Evaluation.

Je nach verfügbaren Mitteln kann die Befragung mehr oder weniger detailliert erfolgen. Die Ergebnisse können mit einem knappen Budget z. T. auch nur eingeschränkt umgesetzt werden.

Wichtig ist auch hier von Beginn an die Transparenz seitens der Unternehmensleitung, welche Mittel zur Verfügung stehen und für was das Geld ausgegeben wird.

WIE GEHE ICH VOR?

Die Kosten einer Mitarbeiter- oder Kundenbefragung setzen sich aus verschiedenen Teilen zusammen. Dabei verursacht die Durchführung der Befragung nur einen Teil der

Kosten. Folgende Kalkulation spiegelt die Relation der Aufwendungen in der Praxis wider:

10%:	Kosten für die Konzeption,
15%:	Kosten für Mitarbeiter,
25%:	Kosten für die Durchführung der Befragung während der Arbeitszeit,
15%:	Kosten für Dateneingabe und Auswertung,
5%:	Kosten für Aufbereitung der Ergebnisse,
30%:	Kosten für die Umsetzung und Evaluation.

Häufig wird bei der Kostenkalkulation der letzte Bereich der Umsetzung und Evaluation vergessen bzw. zu niedrig angesetzt. Dies widerspricht allerdings der Grundkonzeption der Mitarbeiter- bzw. Kundenbefragung, die ja kein Selbstzweck ist, sondern positive Veränderungen bewirken soll. Sie ist in den allermeisten Fällen mit (nicht unerheblichen) Mitteln verbunden. Die Kosten schwanken dabei sehr je nach den lokalen Preisniveaus. So sind Honorare für qualifizierte Interviewer in Großstädten in der Regel höher als in kleineren Städten etc.

Checkliste Kosten (Auswahl)

▶ Arbeitszeit aller beteiligten Mitarbeiter (Arbeitsgruppen für Konzeption, Durchführung oder Begleitung der Befragung, Ausfüllen der Fragebögen, Informationsveranstaltungen, Umsetzung von Maßnahmen etc.),
▶ Inserat für Interviewer,
▶ Interviewerschulung (Raum, Arbeitszeit etc.),
▶ Ansprechpartner für Rückfragen (Service-Hotline),
▶ Verwaltung und Projektabrechnung (Personal, Telefon, Miete etc. anteilig),

▶ Druckkosten (Projektunterlagen, Fragebögen, Anschreiben etc.),
▶ Computer und Programme (anteilig),
▶ sonstige Ausstattung (Beamer für Präsentation etc.).

3.5 Durchführung der Befragung

Nachdem die Ziele (hoffentlich) klar sind und schriftlich fixiert wurden, die Finanzierung sichergestellt ist und die Aufgaben verteilt sind, steht die Durchführung der Befragung als nächster Schritt an.

WORUM GEHT ES?

Generell gibt es zwei Möglichkeiten:

▶ Interne Durchführung, d. h. mit Mitarbeitern im Unternehmen.
Dies hat den Vorteil, dass die Kompetenz bei der Durchführung im eigenen Unternehmen bleibt. Zudem können Unternehmensinterna mit in die Durchführung einfließen. Dies ist gerade bei Mitarbeiterbefragungen von Vorteil, da es hier besonders auf die spezifische Situation im Unternehmen ankommt.
▶ Durchführung mit externen Beratern
Externe Beratung bzw. die komplette Auslagerung der Durchführung der Befragung hat den Vorteil, dass es häufig leichter ist, den Zielpersonen die Anonymität der Befragung zu vermitteln, wenn z. B. der Fragebogen nicht an das auftraggebende Unternehmen zurückgeschickt wird, sondern an ein externes Unternehmen – oder an eine beteiligte Hochschule (siehe „Tipp"). Zudem ist dann die Professionalität des Vorgehens gewährleistet.

Zusammenarbeit mit Hochschulen

Befragungen können auch im Rahmen von Diplomarbeiten vorbereitet, durchgeführt oder evaluiert werden. Diplomanden arbeiten damit als „externe Berater".

Fragen Sie bei Universitäten und den praxisorientierten Fachhochschulen nach.

Kontakte insbesondere zu Fakultäten, Fachbereichen und empirisch orientierten Professuren für Soziologie, Sozialmanagement, BWL oder Organisationspsychologie können sich lohnen!

Wird ein externes Unternehmen mit der Durchführung betraut, empfiehlt es sich, folgende Kriterien an die Qualität der Befragung anzulegen:

▶ Welche Referenzen hat das externe Unternehmen, welche Erfahrungen, welche Publikationen etc.?

▶ Werden alle Leistungen transparent gemacht (Durchführungsprotokolle etc.)?

▶ Sind alle Leistungen im Preis inbegriffen? Können Nachforderungen entstehen?

▶ Welche Qualitätskriterien werden bei der Durchführung angelegt (Interviewerschulung, Häufigkeit der Anrufe bei Telefoninterviews, Erinnerungsschreiben bei schriftlichen Befragungen etc.)?

▶ Gibt es projektspezifische Betreuung (fester Ansprechpartner)?

▶ Wie erfolgen Prüfungen und Kontrollen bei der Befragung?

▶ Wie wird der Datenschutz eingehalten?

Große Namen als erste Wahl?
Manche Beratungs- und Befragungsinstitute kennt man bereits aus den Medien. Für kleine und mittlere Unternehmen, die eine Befragung in Auftrag geben möchten, kommen aber häufig Alternativen in Betracht.
Wichtig: Die individuelle Betreuung kleinerer Institute ist manchmal zielführender als ein großer Name.
Suchen Sie Forschungsinstitute über das Internet oder die Fachpresse, lassen Sie sich Referenzen zeigen und fordern Sie eine persönliche Präsentation an.

WAS BRINGT ES?

Die Phase der Durchführung einer Befragung ist der Kern jeder Mitarbeiter- und Kundenbefragung. Hier sollten keine Abstriche an der Qualität in Kauf genommen werden. Folgende Kriterien sollten auf jeden Fall umgesetzt werden:

▶ Befragung einer ausreichenden Anzahl an Mitarbeitern bzw. Kunden. Je größer die Stichprobe ist, desto genauer ist das Ergebnis (aber: nicht umso *repräsentativer*! Dies hängt allein von der gewählten Auswahlmethode ab, vgl. Kapitel 4).

▶ Laufende Kontrollen bei der Durchführung der Befragung (Tipp: regelmäßiger Nachweis in einzelnen Teilschritten auch von externen Unternehmen).

WIE GEHE ICH VOR?

Schritt 1: Fragebogen entwerfen

Die Konstruktion des Fragebogens sollte in mehreren Schritten erfolgen (siehe Kapitel 4.1), ein wichtiges Kriterium ist, dass der Fragebogen vom Probanden gerne ausgefüllt wird.

Schritt 2: Stichprobengröße wählen

Die zu wählende Stichprobengröße ist abhängig von mehreren Faktoren (zur Stichprobengewinnung siehe ausführlicher Kapitel 4.1):

▶ von der angestrebten Genauigkeit,
▶ von der Komplexität der geplanten Auswertungen,
▶ von der zu erwartenden Zahl an Ausfällen,
▶ von den zur Verfügung stehenden personellen, finanziellen und zeitlichen Ressourcen.

Schritt 3: Probeinterviews durchführen

Um zu prüfen, ob der Fragebogen auch tatsächlich allen Qualitätskriterien entspricht, sollte er vor der Hauptuntersuchung an einigen wenigen Personen unterschiedlicher Zusammensetzung getestet werden. Gut ist es, wenn hier auch Vertreter der Grundgesamtheit bereits mit beteiligt sind.

Schritt 4: Fragebogen an Zielpersonen versenden, Interviews durchführen

Je nach Methode erfolgt der Versand der Fragebögen schriftlich oder online, auch die persönliche Ausgabe ist denkbar. Bei mündlichen Befragungen sollte auf die richtige Auswahl der Interviewer geachtet werden. Die Interviewer vertreten z. B. bei Kundenbefragungen *Ihr* Unternehmen, die Außenwirkung sollte bedacht werden. Wichtig ist eine umfassende Schulung der Interviewer, vor allem zu Inhalten, Vorgehensweise, Methodik der Befragung. Zielpersonen sind Mitarbeiter oder Kunden. Beim schriftlichen Versand ist zu überlegen, in welcher Form die Rücksendung der Fragebögen erfolgen soll: In bereits frankierten Briefumschlägen (hohe Portokosten) oder als Antwortbrief (deutlich geringere Portokosten). Bei Mitarbeiterbefragungen besteht die Möglichkeit, die ausgefüllten Fragebögen in einem anonymen Briefkasten einzuwerfen.

Schritt 5: Rücklauf kontrollieren

Im nächsten Schritt ist zu prüfen, wie viele und welche Personen an der Befragung teilgenommen haben. Hier werden häufig regionale Kriterien bzw. Alter und Geschlechterverteilung überprüft.

Schritt 6: Daten eingeben und prüfen

Bei der Dateneingabe sollte darauf geachtet werden, dass Kontrollen durchgeführt und Prüfkriterien für die Daten entwickelt werden. So ist eine doppelte Eingabe der „Rohdaten" von unabhängigen Personen wünschenswert, jedoch teuer. Standard sind eine zehnprozentige Doppeleingabe und laufende Kontrollen bei der Eingabe durch gesondert geschultes Aufsichtspersonal. Auch sollten z. B. alle Filterführungen im Fragebogen („bitte weiter mit Frage XY…") bei der Dateneingabe zusätzlich überprüft werden.

3.6 Rechtliche Rahmenbedingungen und Datenschutz

WORUM GEHT ES?

Bei allen Datenerhebungen im Rahmen von Kunden- und Mitarbeiterbefragungen gilt: Die Teilnahme ist freiwillig.

Niemand kann gezwungen werden, an der Befragung teilzunehmen.

Mitarbeiterbefragung

Gerade bei Mitarbeiterbefragungen entsteht jedoch häufig der Druck seitens der Unternehmensleitung, eine hohe Beteiligung nachweisen zu müssen, um die Akzeptanz der Vorgehensweise zu dokumentieren. Eine Nichtteilnahme der Mitarbeiter ist jedoch noch keine generelle Ablehnung des Unternehmens (eine Übersicht zu möglichen anderen Ausfallgründen findet sich im Kapitel 4.5).

Kundenbefragung

Auch bei Kundenbefragungen besteht häufig aus Datenschutzgründen eine Abneigung der Kunden, sich an Befragungen zu beteiligen. Gerade wenn die Adressen der Kunden verwendet werden, ist eine Befragung eine sensible Angelegenheit.

WAS BRINGT ES?

Der Einhaltung der Datenschutzbestimmungen sollte große Aufmerksamkeit gewidmet werden. Da es heute aufgrund der wachsenden Sensibilisierung für das Thema Datenschutz immer schwieriger wird, Mitarbeiter oder Kunden zur Teilnahme an einer Befragung zu motivieren, ist es unumgänglich, den genauen Ablauf in datenschutzrechtlicher Hinsicht transparent zu machen. Nur wenn einsichtig ist, wie der Datenschutz eingehalten wird, kann man mit einer hohen Beteiligung an der Befragung rechnen (siehe § 5 BDSG 2001).

Datenschutz

Wichtig: Datenschutz ist keine lästige Pflicht, sondern liegt im Interesse jedes Unternehmens, das eine Mitarbeiter- oder Kundenbefragung durchführt, um die Persönlichkeit der Befragten und die Interessen des Unternehmens zu schützen. Grundlage für Befragungen in Deutschland ist das Bundesdatenschutzgesetz – BDSG.

WIE GEHE ICH VOR?

Die Einhaltung der Datenschutzbestimmungen erfolgt in mehreren Schritten:

Schritt 1: Einbindung des innerbetrieblichen Datenschutzbeauftragten

Der innerbetriebliche Datenschutzbeauftragte prüft in einem ersten Schritt, welche Vorgehensweise notwendig ist, um den Datenschutzbestimmungen zu entsprechen, relevant ist national das BDSG 2001 sowie international die EU-Richtlinie 95/46/EG vom 24. 10. 1995.

Schritt 2: Behördliche Prüfung der Einhaltung des Datenschutzes

Für jedes Unternehmen, das personenbezogene Daten erhebt und verarbeitet, gibt es eine zuständige Datenschutzbehörde (in der Regel bei den Zentralverwaltungen von Regierungsbezirken). Diese prüft, ob im durchführenden Unternehmen die Datenschutzbestimmungen eingehalten werden. Darüber hinaus ist ein Verfahrensverzeichnis für *jedermann* und ein Verarbeitungsverzeichnis für *jedermann* zugänglich zu machen, das beschreibt, wie der Datenschutz eingehalten wird, welche Daten verarbeitet werden, wie der Umgang mit personenbezogenen Daten abläuft etc.

Schritt 3: Umsetzung der Datenschutzbestimmungen im Projektablauf

Um die Datenschutzbestimmungen erfolgreich im Projekt umzusetzen, empfiehlt es sich, eine Übersicht zu entwerfen, wie die Daten im Unternehmen im Laufe der Befragung verarbeitet werden, ob Identifikationsnummern (ID) vergeben werden, wann wer welche Adressen verarbeitet etc. Die personenbezogenen Angaben sind nur für den jeweiligen Projektzweck zu verwenden und müssen unmittelbar nach Beendigung des Projekts sachgemäß vernichtet werden, dies gilt in besonderem Maße für Mitarbeiterbefragungen, bei denen eine Zuordnung der Person zu den Angaben prinzipiell möglich ist. Auch eine nachträgliche Zuordnung der Angaben zur Person und der Daten ist nicht erlaubt. Dies gilt ebenfalls für die weitere Nutzung der Daten für andere Projekte etc. Für die sachgemäße Vernichtung der Fragebögen, Adresslisten etc. gibt es spezielle Aktenvernichtungsfirmen (siehe Branchenverzeichnis), die eine Bescheinigung über die Vernichtung der Daten nach dem Datenschutzgesetz ausstellen. Eine gute Methode, den Datenschutz zu gewährleisten, ist das Briefwahlverfahren (Bild 7). Bild 8 zeigt am Beispiel der Kundenbefragung, wie entsprechend den Datenschutzbestimmungen (Tabelle 6) vorgegangen werden kann.

Briefwahlverfahren zur Einhaltung des Datenschutzes

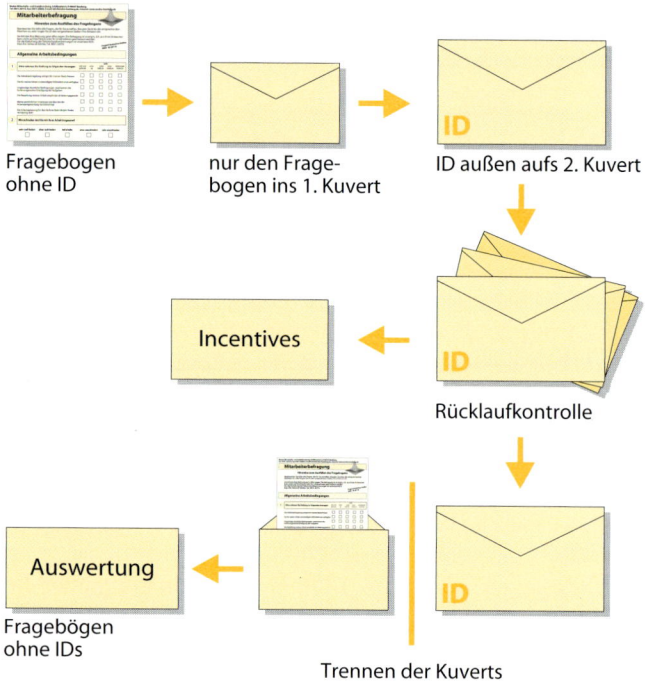

Fragebogen ohne ID

nur den Fragebogen ins 1. Kuvert

ID außen aufs 2. Kuvert

Incentives

Rücklaufkontrolle

Auswertung

Fragebögen ohne IDs

Trennen der Kuverts

Bild 7: *Briefwahlverfahren*

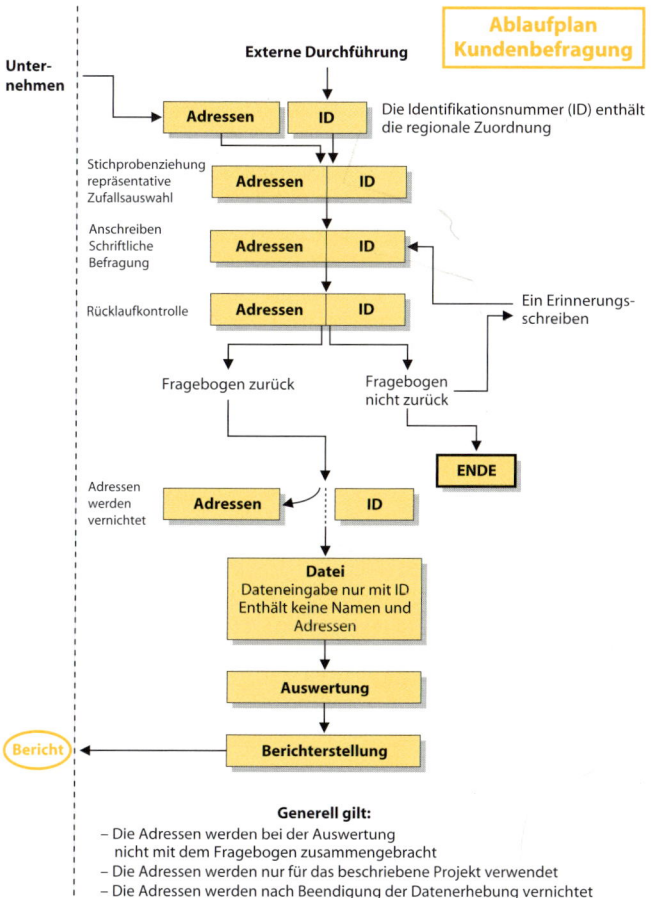

Ablaufplan Kundenbefragung

Unternehmen

Externe Durchführung

Adressen | ID — Die Identifikationsnummer (ID) enthält die regionale Zuordnung

Stichprobenziehung repräsentative Zufallsauswahl — Adressen | ID

Anschreiben Schriftliche Befragung — Adressen | ID

Rücklaufkontrolle — Adressen | ID — Ein Erinnerungsschreiben

Fragebogen zurück — Fragebogen nicht zurück

ENDE

Adressen werden vernichtet — Adressen | ID

Datei
Dateneingabe nur mit ID
Enthält keine Namen und Adressen

Auswertung

Berichterstellung

Bericht

Generell gilt:
– Die Adressen werden bei der Auswertung nicht mit dem Fragebogen zusammengebracht
– Die Adressen werden nur für das beschriebene Projekt verwendet
– Die Adressen werden nach Beendigung der Datenerhebung vernichtet

Bild 8: *Ablauf einer Kundenbefragung*

Bestimmung	Inhalt
Zutrittskontrolle	• Lage der Räume, Zugänge abgesichert, Zutrittskontrollsystem etc.
Zugangskontrolle	• Eindringen Unbefugter in die Datenverarbeitungssysteme soll verhindert werden.
Zugriffskontrolle	• Verhindern unerlaubter Tätigkeit in Datenverarbeitungssystemen außerhalb der eingeräumten Berechtigungen.
Weitergabekontrolle	• Elektronische Übertragung, Datentransport, Übermittlungskontrolle etc.
Eingabekontrolle	• Nachvollziehbarkeit, Dokumentation der Datenverwaltung und Pflege.
Auftragskontrolle	• Gewährleistung einer weisungsgemäßen Auftragsdatenverarbeitung.
Verfügbarkeitskontrolle	• Daten sind gegen zufällige Zerstörung oder Verlust zu schützen.
Trennungskontrolle	• Daten, die zu unterschiedlichen Zwecken erhoben wurden, sind getrennt zu verarbeiten.
Organisationskontrolle	• Schriftliche Anweisungen, interne Revision, Regelungen über Sicherung des Datenbestandes etc.

Quelle: Bundesdatenschutzgesetz – BDSG 2001, § 9

Tab. 6: *Datenschutzbestimmungen*

4 Methodische Grundlagen

Für die erfolgreiche Durchführung einer Mitarbeiter- oder Kundenbefragung ist es notwendig, ein geeignetes Verfahren zu wählen, mit dem die gesetzten Ziele umgesetzt werden können und auch alle anderen Interessen und Rahmenbedingungen (Kosten, Zeit etc.) berücksichtigt werden.

4.1 Datenerhebung

WORUM GEHT ES?

Ausgangspunkt der methodischen Überlegungen ist die Frage, *wie* die Daten erhoben werden sollen. Grundsätzlich stehen in der empirischen Forschung verschiedene Verfahren zur Verfügung (Tabelle 7).

Für eine Mitarbeiter- oder Kundenbefragung sind diese Verfahren jedoch in unterschiedlicher Weise geeignet und einsetzbar. Je nach spezifischen Inhalten, nach Grundgesamtheit und Umfang der Befragung kann in einem Fall eine standardisierte Befragung Sinn machen, in einem anderen Fall verwendet man sinnvoller vielleicht eine Gruppendiskussion oder leitfadengestützte Interviews. Die *eine* Methode gibt es nicht, wenngleich standardisierte Befragungen wohl vor allem bei Mitarbeiterbefragungen die Regel sein dürften (zur konkreten Umsetzung s. Kapitel 4.2). Im Rahmen von TQM- und EFQM-Konzepten ist dies ein zentrales Instrument (vgl. Pocket Power, TQM – Total Quality Management).

WAS BRINGT ES?

Mit der Wahl des geeigneten Erhebungsverfahrens steht und fällt die Qualität der Daten. Ob ein Fragebogen verteilt

Datenerhebungs-verfahren	Merkmale
Standardisierte Befragung ("Fragebogen")	Mittels vorgegebener Fragen und Antwortkategorien werden ausgewählte Personen befragt. Größere Fallzahlen, repräsentative Ergebnisse sind möglich. Als mündliche, schriftliche, Telefon- oder Online-Befragungen möglich. Vor allem zu verwenden, wenn Repräsentativität das Ziel ist.
Nichtstandardisierte Befragung	Mittels Interviewleitfaden werden einzelne Personen befragt. Kleinere Fallzahlen bis hin zu Einzelfällen (Experteninterviews).
Gruppendiskussion	Mehrere Personen diskutieren zu einem bestimmten Thema. Homogene oder heterogene Gruppenzusammensetzung.
Delphi-Methode	Experten aus unterschiedlichen Bereichen geben ihre Einschätzungen hinsichtlich eines Themas ab. Dies kann anonym oder als Diskussionsrunde geschehen.
Non-direktive Gespräche	Experten (Trendsetter) geben Gedanken zu verschiedenen Themen wieder.

Tab. 7: *Charakteristik verschiedener Datenerhebungsverfahren (relevante Auswahl)*

wird oder eine Befragung persönlich durchgeführt wird, entscheidet auch über die Art der Informationen, die man erheben kann. Die Ergebnisse unterscheiden sich nicht nur in der Akzeptanz der Befragung, sondern auch in den Antworten, die gegeben werden. Für sensible Fragen kann es z. B. günstig sein, die Befragung schriftlich durchzuführen, da dann Mitarbeiter oder Kunden die Möglichkeit haben, länger zu überlegen. Zudem treten keine Interviewereffekte auf, da ja niemand dabei ist, dem man persönliche oder unangenehme Fragen beantworten soll. Hauptvorteil mündlicher Befragungen ist die Möglichkeit, bei Unklarheiten nachzufragen. Dies gilt sowohl für mündliche Befragungen bei standardisierten Fragebögen wie auch bei mündlich-qualitativen Befragungen in Form von Interviews. Gerade bei Kundenbefragungen ist es zudem nicht zu unterschätzen, dass der persönliche Kontakt des Unternehmens zum Kunden auch dadurch gepflegt und dokumentiert wird. Tabelle 8 zeigt die Vor- bzw. Nachteile der jeweiligen Befragungsart.

WIE GEHE ICH VOR?

Schritt 1: Festlegen der Grundgesamtheit

Als Ausgangsbasis ist zu überlegen, auf wen sich die Untersuchung beziehen soll. Hierbei ist es notwendig, die so genannte *Grundgesamtheit* festzulegen, also diejenige Gruppe, über die man Aussagen treffen möchte.

Die Festlegung der Grundgesamtheit ist unbedingt notwendig, um später die Ergebnisse auf eine spezifische Gruppe von Personen beziehen zu können. Und so trivial es vielleicht zuerst klingen mag, aber die Festlegung der Grundgesamtheit kann ebenso wie die Abklärung der Ziele des Projekts

Befragungsart	Vor-/Nachteile
Schriftliche Befragung	**Vorteile:** • geringer Zeitaufwand für die Datenerhebung • geringere Kosten • keine Verfälschung durch die Person des Interviewers • geringere Antworthemmung • Anonymität • mehr Zeit zum Antworten • kein Druck durch anwesende Personen **Nachteile:** • geringe Teilnahme • Dauer (bis alle Fragebögen eingegangen sind) häufig zu lang • bei Verständnisschwierigkeiten kein Nachfragen möglich
Mündliche Befragung	**Vorteile:** • Befragte können längere schriftliche Arbeit nicht gewohnt sein • Missverständnisse werden vom Interviewer erkannt und korrigiert **Nachteile:** • kostenintensiv • bei manchen Fragen Antworthemmung wegen direktem Kontakt • Dauer häufig zu lang
Telefoninterviews	**Vorteile:** • Schnelligkeit • höhere Ausschöpfungsquote • geringere Kosten als mündliche Interviews • Erreichbarkeit

Tab. 8: *Formen der standardisierten Befragung*

Befragungsart	Vor-/Nachteile
Telefon-interviews	**Nachteile:** • aufwendiges Auswahlverfahren • bestimmte Gruppen sind am Telefon schwer zu befragen (z. B. Senioren)
Online-Befragung	**Vorteile:** • geringe Kosten • Schnelligkeit **Nachteile:** • zurzeit keine Bevölkerungsrepräsenta-tivität möglich • schwierige Kontrolle, wer online den Fragebogen ausfüllt • Befragter muss sich mit Computern auskennen und Zugang zum Internet haben

Tab. 8 (Fortsetzung): *Formen der standardisierten Befragung*

viel Zeit in Anspruch nehmen. Hier entscheidet sich das Projekt in einem ersten Schritt, über diese Festlegungen bestimmt man das „Gleis", auf dem im Projekt weitergefahren wird.

Grundgesamtheit Mitarbeiterbefragung

Bei der *Mitarbeiterbefragung* werden in der Regel alle Mitarbeiter, die an einem bestimmten Stichtag im Unternehmen beschäftigt sind, zur Grundgesamtheit gezählt. Man muss sich allerdings überlegen, wer diese Personen sind, ob z. B. Personen, die freiberuflich für das Unternehmen tätig sind, auch in die Untersuchung einbezogen werden sollen, da sie zum Teil nur für eine Person oder Abteilung arbeiten und evtl. die Strukturen im Unternehmen nicht beurteilen können.

Grundgesamtheit Kundenbefragung

Bei der *Kundenbefragung* wird die Grundgesamtheit in aller Regel auf alle Personen bezogen, die bislang bei dem Unternehmen etwas erworben haben. Hier sollte man überlegen, ob Kunden, die schon lange nichts mehr gekauft haben („Karteileichen"), ebenfalls in die Untersuchung eingebunden werden sollen. Gerade die, die Kunden *waren*, sollten sagen können, warum sie nicht mehr Kunden sind. Bei Kundenbefragungen kann die Festlegung der Grundgesamtheit etwas aufwändiger sein, wenn z.B. nicht klar ist, wer überhaupt als Kunde zu zählen ist (Käufer, Endnutzer etc.).

Grundgesamtheit

Nur wenn Sie die Grundgesamtheit von Anfang an sauber definiert haben, können Sie die Ergebnisse später interpretieren.

Ein Unternehmen aus dem sozialen Bereich fokussierte sich nach Verhandlungen zwischen Mitarbeitervertretung und Geschäftsführern nur auf die tariflich angestellten Mitarbeiter – Honorarkräfte wurden bewusst nicht berücksichtigt. Über diese können dann allerdings später auch keine Aussagen getroffen werden.

Entsprechend könnte man auch für die Grundgesamtheit nur Mitarbeiter berücksichtigen, die schon x Jahre dabei sind, oder bei Kundenbefragungen nur diejenigen, die im letzten Jahr mindestens einmal gekauft haben etc.

Wichtig: Die *Grundgesamtheit* ist nicht zu verwechseln mit der *Rücklaufquote,* die angibt, wie viele der in Frage kommenden Zielpersonen tatsächlich geantwortet haben (vgl. Kapitel 4.5).

Schritt 2: Festlegen des Auswahlverfahrens

Meistens können nicht alle Mitarbeiter bzw. Kunden befragt werden. Lediglich in kleineren Unternehmen sollte eine vollständige Befragung (= Vollerhebung) der Mitarbeiter angestrebt werden. In der Praxis unterliegt der Umfang der Datenerhebung finanziellen Restriktionen.

> **„Je mehr Personen befragt werden, desto repräsentativer ist es?"**
>
> Im Alltag haben wir eine Vorstellung davon, wann etwas „repräsentativ" ist. In der empirischen Praxisforschung ist aber meist etwas anderes damit gemeint: Repräsentativ sind Aussagen nur dann, wenn sie durch eine bestimmte Auswahl der untersuchten Personen zustande kommen. Dabei gibt es nur repräsentativ oder nichtrepräsentativ. „Repräsentativer" gibt es nicht – auch nicht, wenn immer mehr Probanden befragt werden. Nicht die Anzahl der Befragten ist entscheidend, sondern die Methode der Auswahl bzw. das getreue Abbild der Grundgesamtheit in der Stichprobe. Umfasst die Grundgesamtheit weniger als 1000 Personen, sollte eine Vollerhebung angestrebt werden. Hat ein Unternehmen z. B. 200 Mitarbeiter, von denen eine Stichprobe befragt werden soll, erlaubt z. B. eine Quotenstichprobe durchaus hilfreiche Aussagen zu Tendenzen im Betrieb. Repräsentativ im statistischen Sinn ist sie nicht.

Ziel des Auswahlverfahrens ist es, mit möglichst geringem Aufwand ein möglichst genaues Abbild der Grundgesamtheit zu erhalten. Jede Teilmenge der Grundgesamtheit stellt eine Auswahl dar. Diese Auswahl (= Stichprobe) kann entweder zufällig sein oder bewusst bzw. willkürlich herbeigeführt werden. Zufällig ist eine Auswahl dann, wenn jede Person die gleiche Chance hat, befragt zu werden (also nicht nur in einem bestimmten Stadtviertel, sondern in der ganzen Stadt etc.). Bei einer bewussten bzw. willkürlichen Auswahl werden die zu befragenden Personen vom Interviewer selbst gewählt (z. B. aus der Nachbarschaft oder im Bekanntenkreis), ohne dass jede Person der Grundgesamtheit eine Chance hat, befragt zu werden.

> **Stichprobe**
> Unter den 150 000 Kunden, die die Grundgesamtheit bilden, befinden sich 53% Frauen, dann befinden sich in einer proportionalen Stichprobe von 1000 Personen ebenfalls 53% = 530 Frauen.

Bei Zufallsauswahlen, und nur bei diesen, ist Repräsentativität möglich, d. h. repräsentativ ist eine Auswahl dann, wenn durch die zufällige Auswahl an Personen die Struktur der Grundgesamtheit genau auf die Stichprobe übertragen wird.

Es kann also zwischen den drei Auswahlverfahren Einzelfallanalyse, Stichprobe und Vollerhebung unterschieden werden (Bild 9). Grundsätzlich ist eine Vollerhebung das beste Verfahren, da alle Mitglieder der Grundgesamtheit ausgewählt werden und deshalb keine statistischen Fehler bei der Auswahl der Personen gemacht werden (können). Wird da-

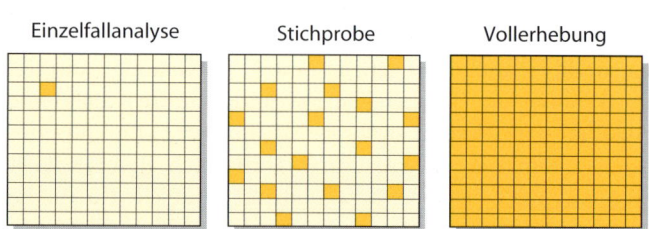

Bild 9: *Auswahlverfahren im Überblick*

gegen nur ein Teil der Grundgesamtheit befragt, können die Ergebnisse von denen abweichen, die bei einer Vollerhebung zu erhalten sind (systematische oder Zufallsabweichungen). Bei jeder Stichprobe hat man also das Problem, dass die Ergebnisse mit einem (mehr oder weniger großen) statistischen Fehler behaftet sind.

Repräsentativität

Um bei einer Studie Repräsentativität zu erreichen, ist es notwendig, eine möglichst große Stichprobe in Kombination mit einem möglichst genauen Abbild der Grundgesamtheit (relevante Merkmale auswählen) zu realisieren. Bei einer Zufallsauswahl kann Repräsentativität erreicht werden (Bild 10).

Falls sich nach der Befragung herausstellt, dass die Befragung von der Grundgesamtheit abweicht, existiert noch die Möglichkeit einer so genannten „Repräsentativgewichtung", d. h. man passt die Struktur der Befragung der Struktur der Grundgesamtheit im Nachhinein an. Dies sollte allerdings nur von Experten vorgenommen werden und funktioniert nur dann, wenn die Abweichung der Befragung von der Grundgesamtheit nicht zu groß ist.

Diesen Fehler möglichst klein zu halten ist das Ziel jeder fundierten, strukturierten, empirischen Vorgehensweise. Beispiel: Wenn man nur einen Mitarbeiter oder Kunden befragt, ist der Fehler, den man macht, wenn man die Meinung des Einzelnen auf alle 2000 Mitarbeiter oder 150000 Kunden bezieht, sehr groß. Mit zunehmender Fallzahl verringert sich der Fehler bis hin zur Vollerhebung (wenn alle Personen der Grundgesamtheit befragt werden), bei der kein Fehler mehr bei der Auswahl begangen wird. Andere Fehler können natürlich noch bei der Befragung selbst, bei der Formulierung

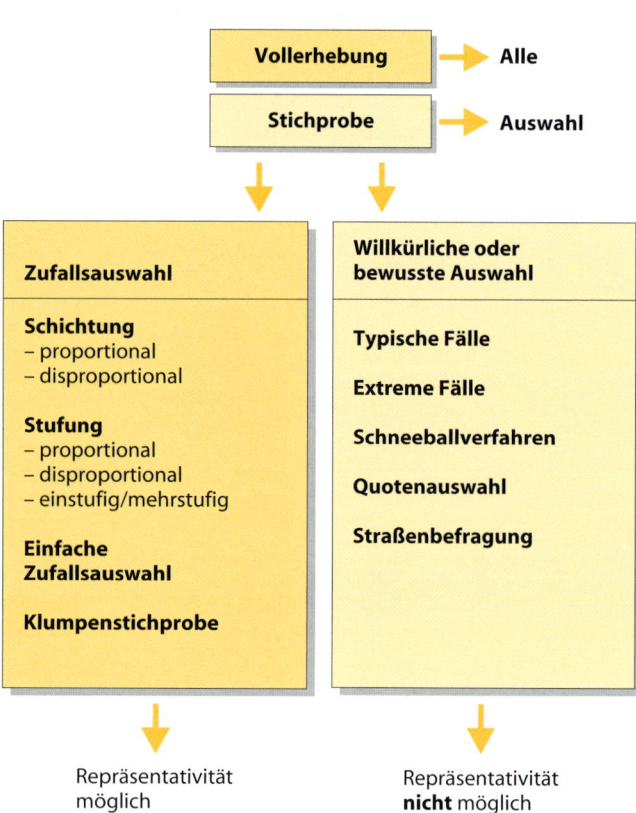

Bild 10: *Zufallsauswahl versus willkürliche oder bewusste Auswahl*

der Fragen etc. gemacht werden, die allerdings unabhängig von der Auswahl der Zielpersonen sind.

Als Regel gilt: Für bevölkerungsrepräsentative Stichproben sollten mindestens 1000 Personen befragt werden bzw. 5% der Bevölkerung bei entsprechend großer Grundgesamtheit (aber nicht weniger als 1000 Befragte). Um den Fehler zu halbieren, wäre eine Vervierfachung der Stichprobe notwendig.

In der Praxis reichen für die meisten Untersuchungen Stichproben von 1000 Befragten aus. Für Mitarbeiterbefragungen in großen Unternehmen oder für große Kundengruppen, insbesondere auch, wenn bei der Auswertung nach vielen Untergruppen unterschieden werden soll, sind Stichproben von 2000 bis 8000 sinnvoll bzw. notwendig. Tabelle 9 zeigt die unterschiedlichen Auswahlverfahren im Überblick.

Typische Stichprobenfehler
- Die Stichprobe spiegelt nicht die Grundgesamtheit wider.
- Die Stichprobe ist zu klein.
- Ausgewählt werden bestimmte Gruppen, die leicht zu befragen sind (Studenten, Leute, die vormittags Zeit haben, über den Marktplatz zu spazieren etc.).
- Es wird Repräsentativität vorgetäuscht, obwohl das Auswahlverfahren dies gar nicht zulässt.
- Durch Ausfälle kommt es zu einer deutlichen Abweichung von der Grundgesamtheit.

Schritt 3: Festlegen des Datenerhebungsverfahrens

Nachdem in den ersten beiden Schritten geklärt wurde, welche Zielpersonen befragt und wie sie ausgewählt werden, benötigt man noch ein für diese Personen geeignetes Verfahren, um die Informationen auf eine möglichst kostengünstige, aber qualitativ hochwertige Art und Weise zu erhalten (siehe Kapitel 4.2).

Verfahren	Merkmale
Voll-erhebung	Es werden alle Mitarbeiter bzw. Kunden der Grundgesamtheit befragt.
Einfache Zufalls-auswahl	Aus der Liste der Mitarbeiter bzw. Kunden werden z. B. 1000 Personen zufällig (z. B. mittels Zufallsgenerator) gezogen.
Schichtung	Die Grundgesamtheit wird in Teilgesamtheiten unterteilt, aus jeder dieser Teilgesamtheiten werden zufällig Personen anteilig (proportional) ausgewählt (z. B. Einteilung nach Bundesländern).
Stufung	Die Grundgesamtheit wird in Teilgesamtheiten unterteilt, aus einer Auswahl der Teilgesamtheiten werden zufällig Personen anteilig (proportional) ausgewählt (z. B. aus sechs Bundesländern).
Quoten-verfahren	Es werden im Voraus z. B. Kundengruppen festgelegt (z. B. Männer 18 bis 30 Jahre), deren Anteil in der Grundgesamtheit dann auf die Stichprobe übertragen wird. Entscheidend ist in Abgrenzung zur Zufallsauswahl, dass die Auswahl der Personen nicht zufällig, sondern von den Interviewern willkürlich festgelegt wird.
Straßen-befragung	Häufig bei Kundenbefragungen eingesetzt, allerdings nur eingeschränkt verwendbar, z. B. bei der Befragung von Gelegenheitskunden, wenn also keine Kundenliste vorhanden ist. Hauptproblem ist zumeist, dass nur ein kleiner Teil der Kunden gerade im Moment der Befragung vor Ort ist. Es ist kaum zu erwarten, dass damit die Struktur der Grundgesamtheit aller Kunden abgebildet wird (Gefahr der Verzerrung).

Tab. 9: *Charakteristik alternativer Auswahlverfahren*

4.2 Auswahl einer geeigneten Methode

In der Regel besteht die Auswahl bei Mitarbeiter- und Kundenbefragungen in einer mündlichen oder einer schriftlichen, standardisierten Befragung, letztere in Papierform oder als Online-Befragung. Für *Mitarbeiter-* und *Kunden*befragungen ergeben sich dabei teilweise unterschiedliche Zielsetzungen, die nun im Überblick dargestellt werden.

4.2.1 Mitarbeiterbefragungen: Methodische Überlegungen

WORUM GEHT ES?

Die Frage, *wie* die Befragung durchgeführt werden soll, hängt u. a. von der Größe der Einrichtung ab, von den Inhalten, die erhoben werden sollen, und selbstverständlich auch von den Ressourcen Zeit und Geld. Es versteht sich fast von selbst, dass jede Form der Mitarbeiterbefragung nur dann aussagefähige Ergebnisse ermöglicht, wenn sie *während* der Arbeitszeit durchgeführt wird. Damit sind auch entsprechende Ausfallkosten für das Unternehmen zu kalkulieren.

Für mittlere und kleine Unternehmen mit bis zu 50 Mitarbeitern oder für die Befragung einzelner Abteilungen kann auch eine mündliche Befragung Verwendung finden, für größere Einrichtungen bietet sich aufgrund des Aufwandes eine schriftliche Befragung an.

Mündliche Befragung
Generell gilt: Eine mündliche Befragung hat den Vorteil, dass Sie auf Nachfragen, Verständnisschwierigkeiten etc. reagieren können. Häufig sind die Mitarbeiter offener, wenn es darum geht (gegenüber externen Beratern) Missstände aufzuzeigen.

Gerade im mündlichen Interview – sowohl standardisiert wie nichtstandardisiert – ergeben sich häufig auch bei offenen Fragen Vorschläge, Anregungen, Hinweise, „Atmosphärisches", wie es in der rein schriftlichen Form nicht so gut erhoben werden kann.

Neben einem Fragebogen, der schriftlich oder mündlich erhoben wird, ist auch ein Interview denkbar. Grundlage des Gesprächs ist dabei ein vorab erarbeiteter Gesprächsleitfaden, wobei anders als bei einem Fragebogen die Reihenfolge der Fragen und die Antwortmöglichkeiten flexibel sind. Bewährt hat sich eine maximale Gesprächsdauer von etwa einer Stunde. Eine Auswertung dieser Interviews ist softwaregestützt z. B. mit Programmen wie Maxqda möglich.

Leitfadeninterviews

Eine Abteilung mit 22 Mitarbeitern hatte seit längerem große Probleme mit der Kommunikation und dem Arbeitsklima. Mit Einverständnis der Personalvertretung und der Mehrzahl der Mitarbeiter beauftragte die Abteilungsleiterin eine externe Beraterin mit der Durchführung von leitfadengestützten Interviews zu Wünschen und Kritikpunkten der Kollegen. Die Interviews wurden aufgezeichnet, ausgewertet und soweit wie möglich aggregiert, jedoch mit „knackigen" Originalzitaten unterlegt. Der Aufwand lohnte sich: Die ca. einstündigen Interviews zeigten zahlreiche Schwachstellen, die wiederum durch die Führungskraft sowie als Input in Teambesprechungen aufgearbeitet werden konnten.

Für so genannte Kleinsteinrichtungen oder auch einzelne Abteilungen ist evtl. auch die Möglichkeit interessant, Mitarbeiterbefragungen in Gruppendiskussionen als Sonderform der mündlichen Befragung durchzuführen. Wichtig ist dabei die Zusammensetzung der Diskussionsrunde, um nicht von vornherein den Redefluss zu unterbinden. Gruppen von fünf bis acht Mitarbeitern, z. B. aller Hierarchiestufen oder nur einer Funktionsebene, werden dabei zu einem Gespräch eingeladen. Grundlage ist auch hier ein Themenleitfaden, der in einer moderierten und zeitlich klar definierten Diskussion besprochen wird.

Bei beiden Instrumenten werden die Inhalte der Gespräche – mit Einverständnis der Gesprächsteilnehmer – auf Band aufgezeichnet, anschließend transkribiert und inhaltsanalytisch ausgewertet. Unterstützt werden kann eine derartige Analyse sehr effizient durch eine geeignete Software. Zum Schutz der Mitarbeiter werden die Transkripte der Interviews oder der Diskussion nicht im Original an die Unternehmensleitung weitergegeben, sondern – nach vorheriger Absprache – ein interpretiertes Konzentrat der Ergebnisse, das mit Zitaten angereichert ist. Bewährt hat sich auch eine anonymisierende Kennzeichnung der Interviewzitate durch Kürzel wie „Angestellter, Mann, weniger als fünf Jahre im Unternehmen" etc.

WAS BRINGT ES?

Die schriftliche Befragung hat den Vorteil, dass die Ergebnisse standardisiert werden und Vergleiche zwischen den Unternehmensbereichen leichter zu ziehen sind. Dabei besteht allerdings die Gefahr, die individuellen Probleme und Anregungen durch die standardisierte Form der Befragung zu unterbinden. Dem kann man vorbeugen, indem auch offene oder halb offene Fragen zu den wichtigsten Bereichen (Verbesserungen etc.) mit in den Fragebogen integriert werden.

WIE GEHE ICH VOR?

Folgendes hat sich bewährt: Nach einem Pretest werden die Endversionen der Fragebögen den zu befragenden Mitarbeitern ausgehändigt, am besten im Rahmen einer Informationsveranstaltung, bei der auch Fragen beantwortet werden können. Die Fragebögen können dann z. B. in „Wahlurnen" eingeworfen werden, wobei die Anonymität der Mitarbeiter nur gewährleistet werden kann, wenn diese Originalbögen von einem externen Berater eingesammelt, codiert und ausgewertet werden. Jede andere Vorgehensweise, bei der die Mitarbeiter befürchten müssen, dass der „Chef den Einzelbogen mitliest", führt entweder zu schwachem Rücklauf oder zu wenig aussagekräftigen Ergebnissen im Sinne „sozialer Erwünschtheit".

Online-Befragungen bzw. die per Computer zum Ausfüllen bereitgestellten schriftlichen Fragebögen sind zwar technisch schnell und leicht zu erstellen, haben allerdings den Nachteil, dass vermehrte Sicherheitskriterien zu beachten sind: Wer hat Zugang zu den Daten, wie gewährleistet man die Anonymität etc.? Vielfach sind ja nicht alle Mitarbeiter mit Computern ausgestattet. Darüber hinaus müsste sichergestellt sein, dass alle Mitarbeiter mit dem Computerprogramm umgehen können, um nicht von vornherein erhebungsbedingte Ausfälle zu produzieren. Das heißt: Soll auch der Pförtner befragt werden und hat dieser Zugang zu einem PC? Wie geht man mit den tariflichen Mitarbeitern mit geistiger Behinderung in einer Behinderteneinrichtung um?

4.2.2 Kundenbefragungen: Methodische Überlegungen

WORUM GEHT ES?

Bei Kundenbefragungen muss man unterscheiden, ob eine Kundenliste mit den Namen und Adressen der Kunden existiert oder nicht.

Wenn eine Kundenliste vorhanden ist, werden die Fragebögen den Kunden in aller Regel per Post zugeschickt. Dabei sollte ein frankierter Freiumschlag zur Rücksendung vorhanden sein (s. Kapitel 3.5).

Datenschutz bei Befragungen

Wenn Anonymität zugesichert wird, darf keinesfalls der Name des Befragten auf den Fragebogen geschrieben oder gedruckt werden, weder seitens des Unternehmens noch seitens der Mitarbeiter oder Kunden. Dies gilt auch für „Schlüsselnummern" etc. (vgl. Kapitel 3).
Um trotzdem eine Dokumentation der Rücksendungen zu erreichen, hat sich z. B. ein Vorgehen wie bei der Briefwahl bewährt (siehe Kapitel 3.5).

Wenn es keine Kundenliste gibt, werden die Fragebögen im Unternehmen ausgelegt, falls die Kunden in das Unternehmen kommen (mit Freiumschlag, damit die Kunden den Fragebogen evtl. zurückschicken oder in eine Urne einwerfen können). Diese Befragung kann auch mündlich mit Interviewern durchgeführt werden. Dies ist dann sinnvoll, wenn es darum geht, den persönlichen Kontakt zum Kunden zu betonen. Die mündliche Form der Befragung ist jedoch wesentlich kostenintensiver als die schriftliche.

Geht es um generelles Einkaufsverhalten oder unternehmensübergreifende Kundenbefragungen, bleibt nur die Befragung der (potentiellen) Kunden direkt beim Einkauf, am besten mündlich durch Interviewer, oder per Telefon mit dem so genannten Telefon-Screening-Verfahren, bei dem zufällig Nummern gewählt werden und gefragt wird, welches Einkaufsverhalten vorliegt. Diese Variante kann je nach Anzahl und Verteilung der Kunden jedoch sehr aufwändig sein, so dass sie sich in aller Regel nur für große Unternehmen oder Unternehmen mit regional sehr eingeschränkter Kundenverteilung eignet (bzw. für Zusammenschlüsse von Unternehmen).

4.3 Themen und Inhalte der Befragungen

WORUM GEHT ES?

4.3.1 Standardisierte Befragung: Erstellung des Fragebogens

Hat man die Hürde genommen, das Auswahlverfahren und die Methode der Datenerhebung festzulegen, kommt nun bei der standardisierten Befragung die Erstellung des Fragebogens.

Dass der Einsatz eines professionellen Fragebogens die notwendige Voraussetzung für das Gelingen der gesamten Befragung ist, steht außer Zweifel. Aber wie erstellt man nun so einen Fragebogen?

Bei der Erstellung des Fragebogens bewegt man sich in einem Spannungsdreieck zwischen Finanzierung, Auftraggeber- und Mitarbeiter- bzw. Kundeninteressen.

WAS BRINGT ES?

Bei der Durchführung der Befragung kann nicht genug Wert auf Qualität gelegt werden. Bei den Fragebögen wird man immer einen Kompromiss zwischen Vollständigkeit und zeitlicher Zumutbarkeit eingehen. Am wichtigsten ist, ob die Fragen auch tatsächlich so verständlich sind, dass sie das widerspiegeln, was der Auftraggeber wissen möchte. So einfach dies klingt, ist es doch inhaltlich und zeitlich nicht zu unterschätzen.

Sowohl Layout als auch Frageformulierung müssen zudem so gestaltet sein, dass die Mitarbeiter bzw. Kunden den Fragebogen gerne ausfüllen und sich nicht von einer Frage zur nächsten quälen müssen. Auch das Einsammeln der Fragebögen sollte professionell gestaltet werden, z. B. sollte bei einer Mitarbeiterbefragung ein Extraraum mit einer verschließbaren Urne (wobei transparent sein muss, wer den einzigen Schlüssel hat) zur Verfügung stehen etc. (zur Gewährleistung der Anonymität s. Kapitel 3.5 und 3.6). Darüber hinaus sollte eine Ansprechperson im Unternehmen oder beim externen Institut zur Verfügung stehen, falls Fragen rund um die Mitarbeiter- oder Kundenbefragung auftreten.

WIE GEHE ICH VOR?

Schritt 1: Wichtige Fragenbereiche finden

Wichtigste Voraussetzung für die erfolgreiche Fragebogenerstellung ist es, die Bereiche zu finden, die abgefragt werden sollen. Dieser erste Schritt stellt sicher, dass keine wesentlichen Bereiche und somit auch Fragen im Laufe der Fragebogenerstellung vergessen werden. Ausdrücklich gewarnt werden muss vor der Vorstellung, man könne sich hinsetzen,

Fragen formulieren, die einem gerade einfallen, und so den Fragebogen herunterschreiben und fertig zu Papier bringen.

Schritt 2: Fragen innerhalb der Bereiche formulieren

In jedem gefundenen Bereich überlegt man sich dann, welche Fragen zentral in diesem Bereich sind. Dies kann eine Frage sein, meistens setzt sich ein Bereich allerdings aus mehreren Fragen zusammen. Bei der Formulierung der Fragen sind die in Tabelle 10 dargestellten Punkte zu beachten.

Bei der Frageformulierung zu berücksichtigen	Inhalt
Verstehbarkeit	Die Fragen sollten so formuliert werden, dass jeder, unabhängig von der Schulbildung, den Text verstehen kann.
Einfache Worte, keine Fremdwörter	Die Verwendung von Fremdwörtern vermindert die Verstehbarkeit und führt zu schlecht ausgefüllten Fragebögen.
Kurz	Fragetexte über viele Zeilen werden erfahrungsgemäß nicht komplett gelesen. Je kürzer und verständlicher, desto besser.
Konkret (keine abstrakten Formulierungen)	Die Verwendung abstrakter Formulierungen führt zu Missverständnissen.
Neutral	Einseitige Formulierungen sollten vermieden werden wie z. B.: „Stimmen Sie zu, dass …?"
Nicht hypothetisch	Formulierungen wie: „Stellen Sie sich vor, dass …", sollten vermieden werden.

Tab. 10: *Kriterien zur Frageformulierung (Auswahl)*

Bei der Frageformulierung zu berücksichtigen	Inhalt
Keine doppelte Verneinung	Fragen sind leichter zu verstehen, wenn keine Verneinungen in der Formulierung vorkommen.
Befragte nicht überfordern	Fragen, bei denen die Personen viel wissen oder überlegen müssen, führen häufiger zum Abbruch.
Bedeutungs-äquivalenz	Es muss sichergestellt werden, dass Forscher und Befragter das Gleiche unter der Frage verstehen.
Unzutreffende Voraussetzungen	Manche Befragte können zu bestimmten Themen nichts beitragen, da sie keinen Zugang dazu haben, z. B. Jugendliche zum Gefühl, in Rente zu gehen.
Keine Suggestiv-formulierungen	Formulierungen, die in eine bestimmte Richtung drängen, z. B.: „Sind Sie nicht auch der Meinung, dass ..."
Eindimensionalität	Es sollte immer nur ein Sachverhalt in der Frage formuliert sein.
Vollständigkeit/ Überlappungs-freiheit	Die Antwortkategorien überschneiden sich nicht und decken die gesamte Bandbreite der möglichen Nennungen ab, z. B. unter 25 Jahren, 25 bis 30 Jahre etc.
Verfälschungs-tendenzen	Verfälscht werden die Ergebnisse z. B. durch das Weglassen wichtiger Antwortkategorien, z. B. „weiß nicht".

Quelle: nach Schulze, G.: Einführung in die Methoden der empirischen Sozialforschung, 2000.

Tab. 10 (Fortsetzung): *Kriterien zur Frageformulierung (Auswahl)*

Hypothetische Annahmen und unzutreffende Voraussetzungen

- Viele Befragte antworten auf jede Frage, auch wenn sie den Sachverhalt vielleicht nicht einschätzen können. Kundenbefragungen zeigen, dass auch auf Fragen wie: „Wie finden Sie unser Corporate Design?", Antworten zu erwarten sind, obwohl hier unzutreffende Voraussetzungen – nämlich die Kenntnis des Fachbegriffs – abgefragt werden. Damit sind die Antworten jedoch letztlich nicht verwertbar.
- Ein ähnliches Problem gibt es bei hypothetischen Fragen. Selbst große Zustimmung bei der Frage: „Würden Sie diese Weiterbildung besuchen, wenn wir sie anbieten", sagt leider wenig über das tatsächliche spätere Nutzungsverhalten aus.

Schritt 3: Antwortvorgaben finden

Zu den einzelnen Fragen gehören passende Antwortvorgaben. Dabei ist darauf zu achten, dass durch die Vorgaben keine Fehler durch eine Vorselektion der Kategorien stattfinden, d.h. die Reihenfolge und Auswahl der Antwortkategorien steuern das Ergebnis, das man erhält.

Schritt 4: Reihenfolge festlegen

Die Reihenfolge der Fragen im Fragebogen orientiert sich an der so genannten Spannungskurve (Bild 11). Als erste Frage sollte eine einfache Frage, die zum Thema gehört, gewählt werden. Angaben zur Person stehen in aller Regel am Ende des Fragebogens. Dazu gehört die gesamte Soziodemographie, also falls gewünscht, Fragen zu Alter, Geschlecht, formaler Bildung etc. Die Frage nach dem Einkommen ist üblicherweise die letzte Frage (vor evtl. Anmerkungen).

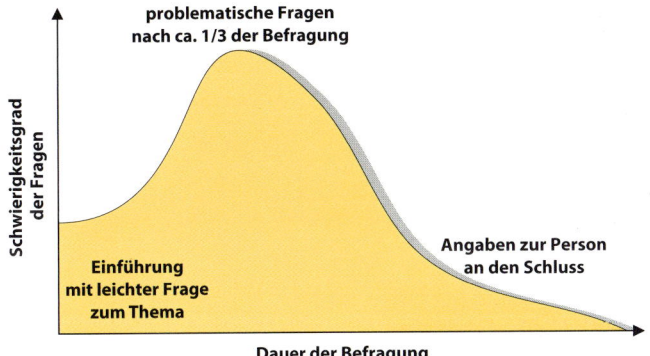

Bild 11: *Spannungskurve beim Aufbau eines Fragebogens*

Schritt 5: Layout festlegen

Das Layout sollte sich an der festgelegten Grundgesamtheit orientieren. Sind die Kunden überwiegend Senioren, so sollte z. B. eine größere Schrift gewählt werden. Einrahmungen der Fragen, Übersichtlichkeit etc. sind Standards, die unbedingt eingehalten werden sollten.

Schritt 6: Fragebogen testen

In einem so genannten Pretest sollte der Fragebogen überprüft werden hinsichtlich der Akzeptanz der Befragung, möglicher Probleme bei der Beantwortung der einzelnen Fragen, der Dauer des Interviews bzw. des Ausfüllens etc. Zu diesem Zweck werden in aller Regel 20 bis 30 Personen mit unterschiedlicher Zusammensetzung (Alter, Geschlecht, Schulbildung etc.) ausgewählt, die den Fragebogen ausfüllen sollen.

Schritt 7: Fragebogen überarbeiten

Mit den Informationen aus dem Pretest wird dann der endgültige Fragebogen erstellt. Bei der Endredaktion sollte noch einmal darauf geachtet werden, dass keine wichtige Frage fehlt und dass es keine falschen Verweise zwischen den Fragen gibt (so genannte *Filterfragen*).

Schritt 8: Anschreiben formulieren

Vor allem bei schriftlichen Befragungen ist es notwendig, die wesentlichen Informationen in einem Begleitschreiben kurz und prägnant zusammenzufassen. Auch bei mündlichen Befragungen ist es sinnvoll, die wesentlichen Informationen zur Durchführung der Befragung in einer Übersicht griffbereit zu haben.

Folgende Inhalte sollten im Anschreiben umgesetzt sein:

▶ Name des auftraggebenden/durchführenden Unternehmens.
▶ Datum der Befragung.
▶ Persönliche Anrede (wenn möglich).
▶ Wesentliches Ziel der Befragung.
▶ Was wird von den Befragten erwartet (Ausfüllen des Fragebogens, Zurücksenden etc.)?
▶ Was hat der Befragte von der Teilnahme? Motivation wecken (Verbesserung des Arbeitsklimas etc.).
▶ Evtl. Anbieten von Incentives (Teilnahme an Verlosung etc.).
▶ Sicherstellen des Datenschutzes/der Anonymität.
▶ Woher stammt die Adresse des Befragten?
▶ Bis wann soll der Fragebogen zurückgeschickt werden?
▶ Ansprechpartner, Telefon, E-Mail, Adresse für Rückfragen.

▶ Dank im Voraus für die Mitarbeit.
▶ Eigenhändige Unterschrift.

Fragebogenlayout

Generell gilt: Die Probanden sollen gerne an der Befragung teilnehmen, deshalb sollten Sie den Fragebogen so ansprechend und einfach wie möglich gestalten. Wichtig sind neben einer angemessenen Schriftgröße auch Filterfragen und evtl. Themenüberschriften, die durch den Fragebogen leiten.

Der Fragebogen sollte Folgendes beinhalten:

▶ Auf jeder Seite: durchführendes Unternehmen, Name der Untersuchung (z. B. in die Fußzeile).
▶ Auf der ersten Seite: Hinweise zum Ausfüllen des Fragebogens, Einhaltung des Datenschutzes, evtl. Telefonnummer für Rückfragen.
▶ Deutliche Abgrenzung der Fragen (z. B. mit Rahmen um jede Frage).
▶ Große, leicht erkennbare Nummerierung der Fragen.
▶ Wenn möglich, einspaltige Anordnung der Fragen.
▶ Optische Kennzeichnung von Filterfragen (Pfeile, Farben oder Farbabstufungen).
▶ Auf der letzten Seite: „Danke" nicht vergessen.

4.3.2 Nichtstandardisierte Befragung: Erstellung des Interviewleitfadens

Grundlage eines nichtstandardisierten (oder *qualitativen*) Interviews ist ein so genannter Interviewleitfaden. Das Vorgehen ist ähnlich wie bei der Erstellung eines Fragebogens. Mit einem Unterschied: Ein Interviewleitfaden enthält offen formulierte Fragen, auf die der Befragte frei antworten kann. Sowohl die Antworten als auch die Reihenfolge der Fragen sind also nicht vorgegeben, sondern ergeben sich im Laufe des Interviewgesprächs. Der Interviewer entscheidet selbst, welche Fragen er wann wie stellt. Durch den Leitfaden ergibt sich nur insofern eine gewisse Standardisierung, als alle Themengebiete und Fragen bei allen Befragten angesprochen werden. Insofern sind die Daten der befragten Mitarbeiter – etwa bei einer Mitarbeiterbefragung zum Thema „Einschätzung des Umstrukturierungsprozesses in einer Abteilung" – sehr wohl zu vergleichen.

Der erste Schritt zur Erarbeitung eines Interviewleitfadens ist wiederum die Auflistung der für das Projekt erwünschten Inhalte. Bewährt hat sich eine klare Gliederung des Leitfadens – formal vergleichbar mit einem Inhaltsverzeichnis. Das heißt, man gliedert nach Themenblöcken und diese dann wiederum in konkrete Einzelaspekte, die im Interview abgefragt werden sollen. Diese Sammlung wird klar hierarchisch durchnummeriert (1, 2, 3, 3.1, 3.2) und im Gespräch dann – flexibel – abgefragt. Die Sammlung der Inhalte („Variablen") bildet das Gerüst des – flexiblen – Gesprächsverlaufs. Zur Durchführung und Auswertung der Interviews siehe Kapitel 4.6.

4.3.3 Mitarbeiterbefragungen: Themen und Inhalte

Der Inhalt einer Mitarbeiterbefragung hängt u. a. ab von den Rahmenbedingungen im Unternehmen. Soll die Mitarbeiterbefragung z. B. als Instrument des TQM etabliert werden und alle zwei Jahre stattfinden, können wiederkehrende, gleichlautende Fragen eingebunden werden, um Vergleiche zu ermöglichen. Ist die Mitarbeiterbefragung als Akutmaßnahme gedacht, um drängende Probleme in den Griff zu bekommen, können stärker spezifische Themen in die Befragung aufgenommen werden.

Folgende zentrale Standardthemen finden sich in den meisten Mitarbeiterbefragungen (vgl. Borg 2000, S. 79 ff.):

► Arbeitsplatzbedingungen, wie z. B. Ausstattung des Arbeitsplatzes mit Arbeitsmitteln;

► Ziele, Aufgaben, Arbeitstätigkeit, wie z. B. Herausforderung oder Arbeitsbelastung;

► Kollegen, Team, wie z. B. Arbeitsklima, Teamgeist oder gegenseitige Unterstützung;

► direkte Vorgesetzte, wie z. B. Motivation, Feedback oder Vertrauen;

► Information und Kommunikation, wie z. B. Qualität der Information über das Unternehmen;

► allgemeine Arbeitszufriedenheit mit der Arbeitsstelle und den Arbeitsbedingungen insgesamt;

► Umgang mit Kunden, z. B. Umgang mit problematischen Situationen und Belastungen;

► personenspezifische Faktoren, z. B. Verarbeitungsstrategien, Angaben zur Person.

Nicht abgefragt werden sollten persönliche Probleme (z. B. mit der Familie) oder externe Faktoren, wie z. B. Freizeitgestaltung, auch wenn anzunehmen ist, dass sie die Mitarbeiterzufriedenheit beeinflussen. Bei einer schriftlichen Befragung können die einzelnen Themen wie in Bild 12 gezeigt abgefragt werden. Bei einer mündlichen Befragung empfiehlt sich ein strukturierter Interviewleitfaden (Bild 13).

Modus Wirtschafts- und Sozialforschung, Schillerplatz 6, D-96047 Bamberg,
Tel.: 0951-26772, Fax: 0951-26864, E-Mail: info@modus-bamberg.de, Internet: www.modus-bamberg.de

Mitarbeiterbefragung

Hinweise zum Ausfüllen des Fragebogens

Beantworten Sie bitte alle Fragen, die für Sie zutreffen. Kreuzen Sie bitte die entsprechenden Kästchen an, oder tragen Sie an den vorgesehenen Stellen Ihre Antwort ein.

Sie können Ihre Meinung ganz offen sagen. Die Befragung ist anonym, d. h. aus Ihren Antworten kann nicht auf Ihre Person oder Ihr Unternehmen geschlossen werden.
Für die Einhaltung der Datenschutzbestimmungen ist verantwortlich:
Dipl.-Pol. Edmund Görtler, Tel. 0951-26772

Fragen? Kostenlose Hotline
0800-66 387 22

Allgemeine Arbeitsbedingungen

1 Bitte nehmen Sie Stellung zu folgenden Aussagen

	voll und ganz zu	eher zu	trifft ... teils, teils zu	eher nicht zu	überhaupt nicht zu
Die Arbeitszeitregelung entspricht meinen Bedürfnissen	☐	☐	☐	☐	☐
Die für meine Arbeit notwendigen Hilfsmittel sind verfügbar	☐	☐	☐	☐	☐
Ungünstige räumliche Bedingungen erschweren die funktionsgerechte Erledigung der Aufgaben	☐	☐	☐	☐	☐
Die Bezahlung meiner Arbeit empfinde ich leistungsgerecht	☐	☐	☐	☐	☐
Meine persönlichen Interessen werden bei der Arbeitszeitgestaltung berücksichtigt	☐	☐	☐	☐	☐
Die Urlaubsplanung für das nächste Kalenderjahr findet rechtzeitig statt	☐	☐	☐	☐	☐

2 Wie zufrieden sind Sie mit Ihrer Arbeit insgesamt?

sehr zufrieden	eher zufrieden	teils/teils	eher unzufrieden	sehr unzufrieden
☐	☐	☐	☐	☐

Bild 12: *Fragebogen zur Mitarbeiterbefragung (Ausschnitt)*

4.3.4 Kundenbefragungen: Themen und Inhalte

Bei der Kundenbefragung hängt der Inhalt des Fragebogens ebenfalls von der Art des beauftragenden Unternehmens ab. Da es Kunden in den unterschiedlichsten Branchen gibt, beinhaltet der Fragebogen zur Kundenbefragung

Modus Wirtschafts- und Sozialforschung, Schillerplatz 6, D-96047 Bamberg,
Tel.: 0951-26772, Fax: 0951-26864, E-Mail: info@modus-bamberg.de, Internet: www.modus-bamberg.de

Interviewleitfaden

Hintergrund: Umstrukturierungen in einer Abteilung eines Dienstleistungs-
konzerns

...

Bereich „Beziehung Team/Kollegen"

3.1 Es gibt ja immer verschiedene Sichtweisen. Ihr Abteilungsleiter definiert
Teamarbeit so: „Teamarbeit bedeutet, eine gemeinsame Aufgabe mitein-
ander so zu lösen, dass jeder seine Stärken einbringen kann."
Was verstehen Sie unter Teamarbeit in Ihrem Aufgabenfeld?

3.2 Wieweit werden in Ihrem Team Ihre Erwartungen erfüllt?

3.3 Was erwarten Sie sich von den Mitarbeitergesprächen?

3.4 Die Veränderungen, die im letzten halben Jahr in der Abteilung stattfinden, lösen
bei manchen Mitarbeitern Sorgen aus. Wie ist das bei Ihnen?
3.4.1 ... wenn nein: Einschätzung erfragen
3.4.2 ... wenn ja: Welche konkreten Sorgen etc.?
3.4.3 ... Lösungsvorschläge?

...

Folgende Themen wurden angesprochen:
– Beurteilung der Kundenkontakte
– Team
– Information (Weitergabe, Transparenz etc.)
– Berufliche Kommunikation mit Kollegen
– Einschätzung der Entwicklung eigener Fähigkeiten
– Beurteilung der Führung (Klima, Eigenverantwortung, Unterstützung etc.)
– Generell abschließende Einschätzung der aktuellen Veränderungen in der Abteilung
– Einschätzung der beruflichen Zukunft
– Wünsche & Vorschläge

Bild 13: *Interviewleitfaden Mitarbeiterbefragung (Ausschnitt)*

meist einen allgemeinen und einen unternehmensspezifischen Teil.

Wichtige Standardthemen, die sich im allgemeinen Teil
finden, sind:

- Kundenzufriedenheit allgemein;
- Zufriedenheit mit Service, Versand, Warenangebot, Dienstleistungen, Liefertreue, Pünktlichkeit etc.;
- Kauf- bzw. Nutzungsverhalten (Häufigkeit, zeitliche Abstände etc.), langfristige Kundenbindung;
- Einschätzung des Preis-Leistungs-Verhältnisses;
- Kauf von Konkurrenzprodukten;
- Ursachen für Zufriedenheit und Unzufriedenheit;
- Verbesserungsmöglichkeiten;
- Zusammenhang zwischen Werbung und Kauf;
- Bekanntheitsgrad;
- wer bestimmt über Kauf;
- Angaben zur Person (ausführliche Soziodemographie: Alter, Geschlecht, Bildungsabschluss, Haushaltsstruktur etc.).

Fragen aus dem unternehmensspezifischen Bereich beschäftigen sich u. a. mit:

- Zufriedenheit mit Sonderaktionen, spezifischen Kundenrabatten;
- Zufriedenheit mit einzelnen Mitarbeitern;
- Kenntnis und Einschätzung unternehmensspezifischer Werbe- und Marketingstrategien.

4.4 Dauer und Zeitpunkt der Erhebung

Für die Durchführung einer Mitarbeiter- oder Kundenbefragung sollte genügend Zeit vorgesehen werden. Befragungen, die „schnell mal so" realisiert werden, stellen sich zumeist hinterher als fehlerbehaftet und unbrauchbar heraus.

Als Richtwert können folgende Eckdaten dienen:

Konzeption: 4–6 Wochen
Vorbereitung der Durchführung: 4–6 Wochen
Datenerhebung: 4 Wochen
Dateneingabe und -prüfung: 2–3 Wochen
Auswertung und Berichterstellung: 4–6 Wochen
Umsetzung: ab 2 Wochen

 Zeitpunkt der Erhebung

Bei der Datenerhebung sollten Sie am besten bestimmte Zeiten einhalten bzw. andere vermeiden:

- In den Schulferien ist der Rücklauf deutlich niedriger, da viele Menschen nicht zu Hause sind. Bitte bei bundesweiten Befragungen die unterschiedliche Regelung der Schulferien nach Bundesländern beachten.
- Die Datenerhebung sollte deutlich vor den Feiertagen Ostern, Pfingsten und Weihnachten fertig sein oder erst danach gestartet werden.
- Die Monate Februar, März, Mai, Juni und Oktober sind erfahrungsgemäß gute Monate für Datenerhebungen (bitte Feiertage beachten!).
- Bei telefonischen Befragungen sollte nur zwischen neun und 21 Uhr angerufen werden.
- Bei schriftlichen Befragungen sollte eine Frist von mindestens drei Wochen für die Rücksendung der Antwort gesetzt werden.

4.5   Rücklauf und Ausfälle

WORUM GEHT ES?

Bei allen Befragungen ist mit Ausfällen zu rechnen. Da die Teilnahme an Mitarbeiter- und Kundenbefragungen freiwillig ist, muss man davon ausgehen, dass ein mehr oder weniger großer Teil der Befragten kein Interesse an der Teilnahme hat, krank oder im Urlaub ist bzw. Bedenken hinsichtlich der Einhaltung des Datenschutzes hat.

Rücklaufquote Mitarbeiterbefragung

Bei Mitarbeiterbefragungen gelten Rücklauf- bzw. Teilnahmequoten von mehr als 70% als akzeptabel, unabhängig davon, ob die Befragung schriftlich oder mündlich durchgeführt wird. Bei geringeren Quoten wird häufig die Akzeptanz der Mitarbeiterbefragung im Unternehmen angezweifelt und als Kritik interpretiert.

Rücklaufquote Kundenbefragung

Bei Kundenbefragungen hängt die Rücklaufquote stark von der jeweiligen Erhebungsmethode ab. Bei schriftlichen Befragungen sind Rücklaufquoten von 25 bis 40% als gut zu bezeichnen. Bei mündlichen Befragungen liegt die Zustimmung dazu in aller Regel deutlich höher. Telefonische Befragungen haben mit einer deutlich sinkenden Akzeptanz zu kämpfen. Hier liegen die Bereitschaftsquoten je nach Reichweite (regionaler Verteilung) und Kundentypus im Bereich von 20 bis 70%. Bei Online-Befragungen ist die Teilnahmebereitschaft ebenfalls sehr unterschiedlich. Je nach Gruppe liegen die Teilnahmequoten bei 3 bis 70%. Hier sollte auch besonderes Gewicht auf den Datenschutz gelegt werden (Problem der Zugänglichkeit zu Adressen durch Hacker etc.).

Online-Befragung
Bei der Durchführung einer Online-Befragung sollten Sie vorab prüfen, ob auch alle Zielpersonen einen freien und geschützten Zugang zu einem Computer haben, da der Fragebogen alleine, und ohne dass jemand über die Schulter sieht, ausgefüllt werden sollte.

WAS BRINGT ES?

Die Rücklaufquote sollte ständig (am besten täglich) kontrolliert werden, nachdem die Fragebögen ausgegeben wurden bzw. während die Interviews durchgeführt werden. Nur wenn man immer aktuell weiß, wie viele Fragebögen zurückgekommen sind, kann man noch reagieren, indem man z. B. weitere Fragebögen verschickt (zum Vorgehen bzw. zum Datenschutz siehe Kapitel 3.5, Ablauf Kundenbefragung).

MÖGLICHE AUSFALLGRÜNDE:

- Schichtarbeit,
- Urlaub, längere Abwesenheit,
- kein Interesse,
- Zeitmangel (Prüfungsvorbereitung etc.),
- Verweigerung aus Datenschutzgründen,
- Personen gehören nicht zur Zielgruppe,
- Nichterreichbarkeit,
- Abbruch des Interviews,
- Krankheit und Tod,
- Interviewertäuschung,
- Zweifel an Seriosität der Befragung,
- Wohnungswechsel,
- generelle Zurückhaltung gegenüber Unternehmen,
- generelle Vorsicht etc.,
- Datenerfassungsfehler.

Ausfallgründe
Die verschiedenen Ausfallgründe haben dann eine Auswirkung auf die Qualität der Befragung, wenn die Gründe mit dem Befragungsgegenstand in Zusammenhang stehen. Wenn z. B. als Grund der Nichtteilnahme an einer Kundenbefragung kein Interesse angegeben wird, steht dies häufig mit Vorbehalten gegenüber dem Unternehmen in Zusammenhang. Neutrale Ausfälle ohne Einfluss auf die Qualität sind z. B. Krankheit, Wohnungswechsel etc.

WIE GEHE ICH VOR?

Es gibt verschiedene Möglichkeiten, um Ausfälle zu vermeiden:

► Um den Rücklauf bzw. die Teilnahmebereitschaft zu steigern, empfiehlt es sich, so genannte „Incentives" einzusetzen, um mehr Personen zur Teilnahme zu motivieren. Man bietet den Zielpersonen für die Teilnahme an der Befragung eine Aufwandsentschädigung an oder man stellt einen Gewinn in Aussicht. Incentives umfassen jede Art von Vergünstigung, wie z. B. Teilnahme an Verlosungen oder Rabatte, Gewinnlose, Verlosungen von Bar- und Sachpreisen oder direkte Entschädigungen in Form eines finanziellen Ausgleichs.

Incentives
Häufig wird bei Befragungen geradezu erwartet, dass es eine Belohnung für die Teilnahme gibt. Sie sollten jedoch nur realistische und zielgruppenadäquate Vergünstigungen vorsehen, da sonst erst Misstrauen gegenüber der Seriosität der Befragung geweckt wird (z. B. wenn bei einer Befragung von 1000 Personen ein Auto verlost wird, dessen Wert die Kosten der Durchführung übersteigt).

► Durch intensive Schulung und Qualifizierung der Interviewer lassen sich die Ausfallquoten deutlich verringern (z. B. durch die professionelle Art der Kontaktaufnahme, durch Ausweise etc.).
► Durch die Verwendung von rücklaufsteigernden Maßnahmen der Fragebogen-, Anschreiben- und Untersuchungsgestaltung, z. B. mittels TDM („Total Design Management"): persönliche Anschreiben, übersichtliches Layout des Fragebogens etc.

▶ Durch die kostenlose Möglichkeit von Rückfragen steigt die Akzeptanz der Untersuchung bei den Zielpersonen (kostenlose Hotline-Nummer).

4.5.1 Besonderheiten bei der Mitarbeiterbefragung

Die Mitarbeiter und ihre Vertreter, der Betriebsrat, sollten in allen Phasen der Befragung eingebunden werden, da sie dadurch häufig offener und auskunftsfreudiger sind. Idealerweise wird z. B. die Mitarbeitervertretung bereits in die Entscheidung mit eingebunden, ob eine Erhebung durchgeführt wird und welches die zentralen Inhalte sein sollen. Ein Vorschlagsrecht und inhaltliche Mitsprache für die Mitarbeitervertretung erhöhen zudem häufig die Rücklaufquoten und die Akzeptanz bei den Mitarbeitern. Mangelnde Transparenz dagegen erhöht den Widerstand gegen die Befragung.

Für die Mitarbeiter stehen zudem für die Teilnahme an der Befragung die Artikulation von Unzufriedenheit und bestenfalls konstruktive Mitarbeit an erster Stelle. Ihnen geht es häufig um:

▶ Aufzeigen von Missständen,
▶ Verbesserungsvorschläge für die eigene praktische Arbeit,
▶ Verbesserungsvorschläge für das Gesamtunternehmen.

Zentraler Faktor ist das Vertrauen, das die Mitarbeiter in das Prozedere der Befragung und die zu erwartenden Erfolge und Verbesserungen haben. Nur wenn man glaubhaft vermitteln kann, dass die Mitarbeiterbefragung eine Verbesserung initiiert, wird sie auch angenommen, was sich z. B. in entsprechenden Rücklaufquoten niederschlägt.

Deshalb sollten die Mitarbeiter informiert werden über:

▶ Zielsetzung der verschiedenen Unternehmensebenen,
▶ Ablauf der Mitarbeiterbefragung,
▶ Datenschutz und Einhaltung der Anonymität,
▶ Kosten der Mitarbeiterbefragung,
▶ personelle Verantwortlichkeit bei der Mitarbeiterbefragung,
▶ Auswertung und Ergebnisse,
▶ Empfehlungen,
▶ Umsetzung der Empfehlungen.

Die Mitarbeiter sollten Mitsprache- und Mitgestaltungsmöglichkeiten haben bei:

▶ Artikulation der eigenen Erwartungen,
▶ Zielsetzungen,
▶ Auswertung spezifischer Fragestellungen und Zusammenhänge,
▶ Darstellung und Verfügbarkeit der Ergebnisse,
▶ Ergebnisdiskussion,
▶ Empfehlungen,
▶ Umsetzung der Empfehlungen.

Da die Mitarbeiter die Veränderungen nachvollziehen und mittragen sollen, ist eine offene Kommunikation entscheidend. Dies ist natürlich umso schwerer, je mehr sich das Problem in einer Einrichtung auf genau diese Kommunikationskultur bezieht. In dieser Situation ist die Leitung der Einrichtung gefragt, den ersten Schritt zu gehen und auch gegen vermeintliche Widerstände die festgefahrenen Strukturen zu durchbrechen, indem sie z. B. bereits bei der Planung der Mitarbeiterbefragung neben der gewählten Personalvertretung zentrale Mitarbeiter wie potentielle „Widerständler" oder besonders langjährige Mitarbeiter mit beteiligt.

4.5.2 Besonderheiten bei der Kundenbefragung

WORUM GEHT ES?

Eine Kundenbefragung weckt bei den Kunden Aufmerksamkeit. Daraus ergibt sich eine Erwartungshaltung, dass sich auch etwas zum Positiven verändert. Diese Erwartungen sollten nicht enttäuscht werden, damit das implizite Ziel der langfristigen Kundenbindung auch erreicht wird. Je mehr Kunden befragt werden, desto größer ist die (Selbst-)Verpflichtung des Unternehmens, die Ergebnisse auch umzusetzen.

Mit einer Kundenbefragung besteht die Chance,

▶ Aufmerksamkeit beim Kunden zu erwecken (als Marketinginstrument),
▶ den Kunden zur aktiven Mitarbeit zu gewinnen (Äußern von Wünschen, intensive Beschäftigung mit abgefragten Inhalten etc.) und
▶ Neugier beim Kunden zu wecken.

Allerdings muss mit der Kundenbefragung verantwortlich umgegangen werden. In letzter Zeit sind immer häufiger vorgebliche Kundenbefragungen zu beobachten, die in Wirklichkeit mehr oder weniger offensive Verkaufsversuche darstellen. Dies erschwert seriösen Unternehmen die Arbeit.

Durch den Kommunikationsprozess, den das Unternehmen mit dem Kunden eingeht, entsteht für das Unternehmen die Möglichkeit, das Interesse der Kunden zu wecken und zu binden, indem angeboten wird, den Kunden über das Ergebnis zu informieren. Damit wird gleichzeitig die Möglichkeit eröffnet, auch auf andere Aktivitäten des Unternehmens hinzuweisen, jedoch nicht im Sinne aktiver Verkaufsstrategie oder indem der Kunde mit Werbung überhäuft wird, sondern über den persönlichen Dialog, der die Bedeutung jedes einzelnen Kunden unterstreicht.

Gerade bei der Kundenbefragung gilt: Der Kunde hat immer Recht! Ziel ist es, die Sichtweise des Kunden möglichst genau zu verstehen – völlig gleichgültig, ob die Aussagen der Kunden aus Sicht des Unternehmens zutreffen.

Probleme bei Kundenbefragungen sind:

▶ Falsche Rückschlüsse durch fehlerhafte Datenerhebung (Verzerrung durch einseitige Auswahl, unklare Grundgesamtheit etc.),
▶ Verärgerung der Kunden, wenn die Fragen zu aufdringlich sind oder die Befragung lückenhaft ist,
▶ Verschwendung von Ressourcen bei fehlerhafter Durchführung der Befragung.

4.6 Datenanalyse

Wurde die Datenerhebung erfolgreich durchgeführt, stellt sich die Frage, wie die Ergebnisse ausgewertet werden (Tabelle 11). Als erster Schritt ist die Aufstellung eines Auswertungsplanes notwendig. Dieser Plan sollte beinhalten, welche Fragen ausgewertet werden sollen und welche Zusammenhänge zwischen den Fragen bestehen bzw. vermutet werden. Im Laufe der Analyse ist es allerdings häufig sinnvoll, detailliertere Auswertungen zu Fragen oder Zusammenhängen zu erstellen, da sich oft ein weitergehendes Interesse im Verlauf der Analyse ergibt.

Art der Auswertung	Beschreibung
Häufigkeiten	Für jede Frage wird die Verteilung der Antworten betrachtet (immer absolut und in Prozent).
Kreuztabellen	Verteilungen zweier oder mehrerer Variablen werden dargestellt.
Mittelwerte	Bei geeigneter (metrischer) Skalierung lassen sich Durchschnittswerte errechnen.
Korrelationen	Zusammenhänge zweier oder mehr Variablen werden betrachtet.
Regressionen	Einflüsse von mehreren Variablen auf eine zu beeinflussende Variable werden berechnet.
Faktorenanalysen	Reduzierung der Komplexität der Daten, Datenkomprimierung. Geeignet für Benchmarking und Kennzahlenberechnung.
Clusteranalysen	Unterschiedliche Gruppen werden hinsichtlich verschiedener Variablen miteinander verglichen, z. B. Kundengruppen.
Signifikanztests	Feststellung, ob die Unterschiede der Gruppen tatsächlich oder zufällig sind.

Tab. 11: *Auswertungsmöglichkeiten (Auswahl)*

4.6.1 Mitarbeiterbefragungen: Auswertung

WORUM GEHT ES?

Welche konkreten Ergebnisse bietet nun eine Mitarbeiterbefragung? Diese Frage ist häufig nur indifferent zu beantworten. Neben dem Imagegewinn ist es vor allem die Möglichkeit, valide und dokumentierbare Einschätzungen und Rückmeldungen zu erhalten. Allerdings laufen Mitarbeiterbefragungen häufig in einem Spannungsfeld unterschiedlicher Interessen ab. Die Beteiligten gehen von verschiedenen Erfahrungen und Vorstellungen aus. Die Unternehmensleitung möchte beispielsweise mit einer Befragung die Arbeitsabläufe effizienter gestalten und Kostenpotentiale erkennen, bei denen sie einsparen kann. Mitarbeiter bewegen sich eher im Bereich ihrer Idealvorstellungen der Arbeitsgestaltung, was nicht heißen soll, dass von ihren Wünschen nichts umsetzbar ist. Allerdings ist auch zu beobachten, dass die Ergebnisse von Mitarbeiterbefragungen nicht immer den erwünschten Ansichten der Unternehmensführung entsprechen.

WAS BRINGT ES?

Die ausgewerteten und bewerteten Ergebnisse dienen im Idealfall als Basis für die Planung von „Aktionsplänen". Es werden konkrete Maßnahmen übergreifend auf Leitungs- und Mitarbeiterebene diskutiert. Im Idealfall bilden die Ergebnisse die Basis für die weiteren Schritte der Unternehmensleitung und können in aller Regel auch finanzielle Aufwendungen mit sich bringen oder zu Konsequenzen wie Personalreduzierungen führen. Deshalb stellt bei fast jeder

Mitarbeiterbefragung die Aufbereitung und Diskussion der Ergebnisse ein heikles Thema dar. Denn selbst wenn anerkannt wird, dass die Durchführung professionell durchgeführt wurde, bleiben häufig eine Reihe von Fragen und Vorbehalten zurück:

▶ Wer bestimmt, was ausgewertet wird?
▶ Werden wirklich alle Daten berücksichtigt oder besteht die Gefahr, dass zu erwartende schlechte Teilergebnisse unter den Teppich gekehrt werden?
▶ Wie ausführlich sind die Auswertungen?

WIE GEHE ICH VOR?

Um die Vorbehalte von Beginn an zu entkräften, besteht die Möglichkeit, in einem Arbeitskreis unter Mitwirkung der Leitung der Personalvertretung und ggfs. weiterer Mitarbeiter festzulegen, welche Fragestellungen ausgewertet werden sollen. Ein derartiger verbindlicher Auswertungsplan kann sowohl für qualitative Interviews erstellt werden als auch für standardisierte schriftliche Befragungen. Er bildet die Grundlage für die Auswertung und wird in mitunter zahlreichen Gesprächen zwischen diesem Gremium und dem Auswertungsteam immer wieder rückgekoppelt und ggfs. modifiziert.

Je klarer die Trennung zwischen Untersuchungssubjekt und Auswertung, desto höher die Transparenz und damit üblicherweise auch die Akzeptanz der Mitarbeiter für die Befragung. Gerade dieser letzte Punkt spricht auch gegen eine reine Selbstevaluation zumindest in Unternehmen mit mehr als zehn Mitarbeitern. Selbst wenn alles reibungslos verläuft und die einzelnen Unternehmensteile sich einig sind, sollte die Auswertung von einer in dieser Hinsicht qualifizierten Fachkraft durchgeführt werden, die nicht selbst Teil der

Untersuchung sein sollte, bzw. ein externer Berater eingebunden werden.

Softwareprogramme wie SPSS oder auch Excel machen Auswertungen für standardisierte Erhebungen inzwischen leicht – scheinbar. Auch wenn sich technisch schnell ein Mittelwert oder eine Korrelation errechnen lässt, sind doch gute statistische Kenntnisse notwendig, um Chancen und Grenzen der Ergebnisse zu erkennen. Auch ist Erfahrung im Umgang mit dem Instrument „Befragung" notwendig, um beurteilen zu können, wie sich einzelne Ergebnisse interpretieren lassen. Eventuell müssen gerade bei standardisierten Erhebungen durch Zusatzauswertungen die Ergebnisse in einem größeren Rahmen (z. B. als Kausalanalysen, Typologisierungen etc.) gesehen werden. Auch dafür sind gute Kenntnisse notwendig.

Anonymität
Hier auch noch einmal der Verweis auf die Anonymität der Antworten: So verlockend es mitunter für die Unternehmensleitung sein mag, die Autoren von Kritik und Verbesserungsvorschlägen persönlich zu identifizieren, so wenig zulässig ist dies.
Die zugesagte Anonymität wird sichergestellt durch die Art, wie die Fragebögen eingesammelt werden (verschlossene Urne etc.), oder die Verwahrung der Interviewaufzeichnungen und weiter durch die aggregierte Auswertung und die Darstellung der Ergebnisse.

Auch dieser Aspekt spricht daher noch einmal für eine organisatorische und personelle Trennung von Untersuchung und Auswertung. Die anonymisierten Vorschläge und Kritikpunkte können dann Grundlage weiterer Diskussionen oder Teamsupervisionen sein und bei Bedarf Veränderungsprozesse im Sinne der Organisationsentwicklung gestalten.

4.6.2 Kundenbefragungen: Auswertung

WORUM GEHT ES?

Bei der Auswertung der Kundenbefragung geht es meist um die Frage, wie die Beziehung zu den Kunden aktuell zu bewerten ist. Zufriedene Kunden kommen wieder und lassen sich auch im Rahmen von Werbung und Marketing nutzen.

Im Rahmen der Kundenbeziehungen lassen sich mehrere Auswertungsbereiche definieren:

▶ Kundenklimaanalyse,
▶ Event-Feedback,
▶ Reklamationen,
▶ Lieferantenbeurteilung,
▶ Stimmungsbarometer,
▶ Brandmarketing,
▶ Bedarfsanalysen,
▶ Zufriedenheitsanalysen.

Die Ergebnisse lassen sich zumeist in komprimierter Form darstellen. Betrachtet man z. B. die Zufriedenheit der Kunden bezogen auf unterschiedliche Leistungen des Unternehmens, Service, Freundlichkeit, Preis etc. Die Kunden geben für jeden dieser Faktoren die Zufriedenheit und deren Wichtigkeit bezogen auf das spezifische Unternehmen an. Die Kombination aus Zufriedenheit und Wichtigkeit lässt sich als Vier-Felder-Matrix (Bild 14) darstellen, wobei z. B. die geringe Zufriedenheit bei gleichzeitiger geringer Bedeutung für das Unternehmen kaum ins Gewicht fällt. Die höchste Bedeutung hat das Feld hohe Zufriedenheit und hohe Bedeutung. Faktoren, die in dieses Feld entfallen, sind für die Kundenorientierung zentral.

WAS BRINGT ES?

Die systematische Auswertung der Kundenbefragung ermöglicht genauere Informationen über die Kundenstruktur, die Einstellungen und Einschätzungen der Kunden sowie über Kaufverhalten und Motive für Kaufentscheidungen. Darüber hinaus lassen sich auf der Grundlage von Kundenbefragungen auch Prognosen künftiger Kunden- und Absatzzahlen errechnen.

WIE GEHE ICH VOR?

Die Auswertung erfolgt in mehreren Schritten.

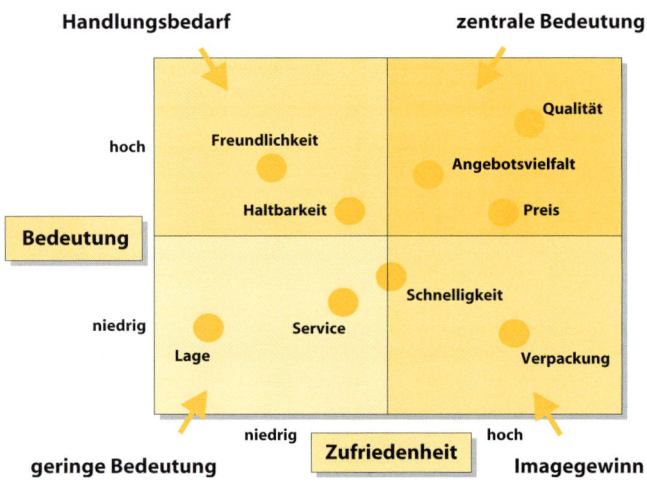

Bild 14: *Vier-Felder-Matrix*

Schritt 1: Planung der Auswertung

Die Auswertung sollte in kompetenten Händen liegen. Da von einer seriösen und professionellen Analyse viel abhängt (z. B. welche Handlungsempfehlungen gegeben werden), sollte dies nur durch Fachpersonal mit entsprechender empirischer und statistischer Erfahrung durchgeführt werden.

Schritt 2: Zuordnung der Auswertungsarten zu den Hypothesen

Für jede Hypothese, die überprüft werden soll, muss geprüft werden, welche Art der Auswertung sinnvoll ist (Bild 15). Bei manchen Aussagen reichen reine Häufigkeitsverteilungen („Frequencies"), bei einfachen Zusammen-

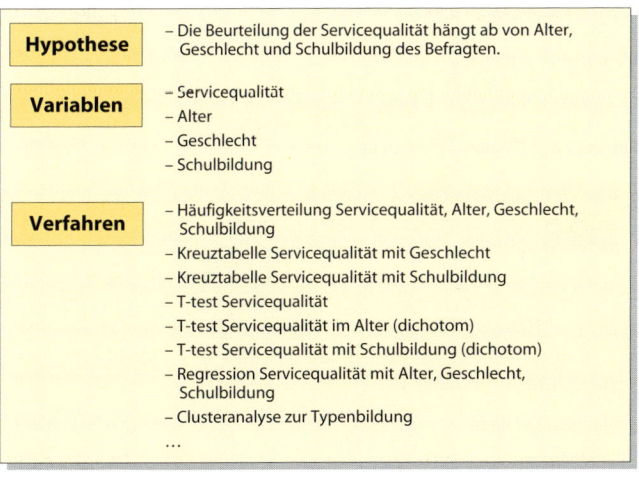

Hypothese – Die Beurteilung der Servicequalität hängt ab von Alter, Geschlecht und Schulbildung des Befragten.

Variablen – Servicequalität
– Alter
– Geschlecht
– Schulbildung

Verfahren – Häufigkeitsverteilung Servicequalität, Alter, Geschlecht, Schulbildung
– Kreuztabelle Servicequalität mit Geschlecht
– Kreuztabelle Servicequalität mit Schulbildung
– T-test Servicequalität
– T-test Servicequalität im Alter (dichotom)
– T-test Servicequalität mit Schulbildung (dichotom)
– Regression Servicequalität mit Alter, Geschlecht, Schulbildung
– Clusteranalyse zur Typenbildung
…

Bild 15: *Auswertungsplan*

hangsanalysen reichen evtl. Kreuztabellen aus, bei komplexeren Fragestellungen sollten z. B. multiple Auswertungsverfahren verwendet werden. Festzulegen ist dabei auch, wie differenziert die Auswertung erfolgen soll, z. B. welche Untergruppen betrachtet werden etc.

Schritt 3: Durchführung der Auswertung

Die tatsächliche Durchführung der Auswertung erfolgt in aller Regel mit Hilfe eines Statistikprogramms wie SPSS. Einfache Auswertungen (Häufigkeitsauszählungen) lassen sich auch mit Tabellenkalkulationsprogrammen wie Excel errechnen. In der Praxis hat sich bewährt, einen Auswertungsplan zu erstellen mit allen Variablen, die in Verbindung gebracht werden sollen (z. B. Verteilung der Variable „Zufriedenheit mit dem Service", Abhängigkeit dieser Variable von Geschlecht, Alter etc.).

4.7 Ergebnispräsentation und Handlungsempfehlungen

Achillesferse
Die Umsetzung der Ergebnisse stellt gewissermaßen die „Achillesferse" des Projekts dar. Hier zeigt sich, ob die Befragung tatsächlich vom Wunsch nach Transparenz geleitet wurde oder ob das Projekt eher als notwendiges Übel und Reaktion auf externen Druck gesehen wird, z. B. durch die Vorgaben eines Systems der Qualitätssicherung und -entwicklung.

4.7.1 Mitarbeiterbefragungen: Handlungsempfehlungen

WORUM GEHT ES?

Was geschieht nun nach einer Befragung im Idealfall mit den Ergebnissen, damit sie nicht in einer Schublade verstauben und die Mitarbeiter im Zweifelsfall nie davon erfahren?

Generell gilt: Die Ergebnisse sollten verständlich dargestellt sein, oftmals hilft eine mündliche Präsentation der Ergebnisse, um Nachfragen beantworten zu können oder Unklarheiten zu beseitigen. Bewährt hat sich auch eine schriftliche Kurzfassung der „knackigsten Ergebnisse", die an die Leitungsebene und an interessierte Mitarbeiter ausgegeben wird. Inwieweit Mitarbeiter den vollständigen Ergebnisbericht einsehen können, bedarf der vorherigen Absprache und Klärung mit der Geschäftsleitung und der Personalvertretung.

WAS BRINGT ES?

Aus den Ergebnissen werden dann Empfehlungen und Handlungsanleitungen formuliert. Welche Ziele sind wichtig? Wie sollen diese Ziele umgesetzt werden? Die Erstellung eines Zeitplanes ist unerlässlich, der immer wieder kontrolliert wird und festhält, ob die aufgestellten Ziele auch tatsächlich erreicht wurden. In die Phase der Realisierung gehört wieder, wie schon während der Mitarbeiterbefragung selber, die Information der Mitarbeiter über erreichte Ziele oder Abweichungen, aber auch die Bekanntmachung nächster Schritte.

WIE GEHE ICH VOR?

Folgende Vorgehensweise hat sich in der Praxis bewährt:

Schritt 1: Art der Empfehlung

Es sollten kurz-, mittel- und langfristige Empfehlungen formuliert werden. Kurzfristige Empfehlungen, die leicht umzusetzen sind, schaffen Vertrauen, dass die Mitarbeiterbefragung auch wirklich etwas bewirkt hat.

Schritt 2: Zielrichtung der Empfehlungen

Die Empfehlungen sollten sich an alle Unternehmensteile richten. Wenn z.B. die Leitung ausgenommen wird, reduziert dies wiederum das Vertrauen in die Befragung. Auch deswegen ist die klare Definition der Grundgesamtheit, über die Aussagen getroffen werden sollen, so wichtig (siehe S. 55).

Schritt 3: Überprüfung der Empfehlungen

Die Durchführung der Empfehlungen und deren Überprüfung sollten in den Händen einer gewählten Person bzw. eines Arbeitskreises liegen. Nur so kann gewährleistet werden, dass der Prozess der Umsetzung der Empfehlungen auch längerfristig stattfindet.

Schritt 4: Durchführung von Evaluationen

Es sollten regelmäßig Evaluationen durchgeführt werden, um die Umsetzung der Empfehlungen transparent zu machen. Hier bietet sich die Einbindung in ein TQM-System an, um auch die Rückkopplung der Veränderungsprozesse durch die Mitarbeiterbefragung bestimmen zu können. Die Evaluation kann dabei auch als Selbstevaluation durchgeführt werden, etwa in Form von moderierten Gruppendiskussionen etc.

 Kritik an Ergebnissen
Selbst bei optimalem Verlauf der Mitarbeiterbefragung mag es einzelne Mitarbeiter geben, die mit der Vorgehensweise, den Ergebnissen oder Empfehlungen nicht (ganz) zufrieden sind.
Hier hilft es, die in der Eingangsphase formulierten Erwartungen immer wieder mit den Ergebnissen zu vergleichen und zu bestimmen, wodurch eventuelle Abweichungen zustande kommen. Dies kann ein Thema von z. B. Teambesprechungen werden oder Sie können dies dann in der nächsten Mitarbeiterbefragung bzw. bei den Maßnahmen zur Organisationsentwicklung mit berücksichtigen.

4.7.2 Kundenbefragungen: Handlungsempfehlungen

WORUM GEHT ES?

Auch bei Kundenbefragungen stellt sich die Frage, was mit den Ergebnissen der Befragung geschieht. Werden die Ergebnisse verwendet, um die Qualität eines Produkts oder des Service zu verbessern, sind spezifische Unternehmensteile davon betroffen. In der Regel werden Mitarbeiter des Unternehmens Veränderungen in Kauf nehmen müssen, die unter Umständen mit zusätzlichem Aufwand oder einer Anpassung der Mitarbeiterstruktur einhergehen.

Deshalb ist es für die Akzeptanz einer Kundenbefragung durch die Mitarbeiter notwendig, über alle entscheidenden Ergebnisse zu informieren. Insbesondere sollte den Mitarbeitern vermittelt werden, welche Maßnahmen dies zur Folge hat und weshalb.

WAS BRINGT ES?

Aus den Ergebnissen werden Maßnahmen abgeleitet, wie z. B. erreicht werden kann, dass die Kundenzufriedenheit bzgl. einer Dienstleistung oder des Produkts XY verbessert werden kann. Dabei sollte z. B. auch mitgeteilt werden, welche Abteilung bzw. welche Unternehmensteile von den einzelnen Maßnahmen betroffen sind.

Ein Abgleich mit den eingangs erstellten Zielen ist bei der Maßnahmenformulierung unerlässlich. Auch ist es notwendig, einen realistischen Zeitplan zu erstellen, dessen Umsetzung überprüft wird. Am besten ist es, auch hier Zielerreichung und Umsetzungsstand zu dokumentieren. In allen Phasen der Umsetzung der Maßnahmen, zumindest jedoch in regelmäßigen Abständen, sollten die Mitarbeiter über den aktuellen Stand und die weiteren Schritte informiert werden.

WIE GEHE ICH VOR?

Bei der Umsetzung der Ergebnisse der Kundenbefragung empfiehlt es sich, wie folgt vorzugehen:

Schritt 1: Formulierung wichtiger Handlungsempfehlungen

Bei der Kundenbefragung ist es nicht so sehr entscheidend (anders als z. B. bei der Mitarbeiterbefragung), *schnell* Erfolge bei der Umsetzung der Maßnahmen zu zeigen, sondern hier ist es wichtig, dass besonders deutlich gemacht wird, dass die Maßnahmen zur Qualität des Unternehmens beitragen und deshalb notwendig sind. Letztlich sichert die Qualität bzw. der Qualitätsvorsprung gegenüber Mitbewerbern auch die bestehenden Arbeitsplätze. Wenn die Kundenbefragung nicht im Rahmen der Qualitätssicherung stattfindet, besteht meist ein drängendes Problem (Einbruch der Kundenzahlen etc.), so dass auch hier ein schnelles Handeln notwendig sein kann.

Schritt 2: Empfehlungen gelten für alle Mitarbeiter

Die Empfehlungen sollten sich an alle Mitarbeiter (einer Abteilung) richten. Wenn nur einzelne Mitarbeiter mehr leisten oder sich anpassen müssen, schafft dies Unzufriedenheit. Auch sollte explizit darauf geachtet werden, dass auch die Unternehmensleitung bei den Maßnahmenempfehlungen nicht leer ausgeht.

Schritt 3: Rahmen der Umsetzung

Die Durchführung der Empfehlungen und deren Überprüfung finden in der Regel im größeren Rahmen der Qualitätssicherung des Unternehmens statt. In kleineren Unternehmen ist es oft notwendig, die akuten Probleme zuerst zu lösen, bevor ein größeres Handlungskonzept angedacht wird.

Schritt 4: Evaluationen

Auch bei der Kundenbefragung sollten regelmäßig Evaluationen durchgeführt werden, um zu zeigen, welche Maßnahmen umgesetzt wurden und welche nicht. Die Darstellung der Verbesserungen (höhere Kundenzufriedenheit etc.) motivieren die Mitarbeiter und schaffen eine bessere Atmosphäre im Unternehmen.

Akzeptanz von Veränderungen

Um unzufriedene Kunden doch zu halten, bedarf es nicht selten einigen Aufwandes, den die Mitarbeiter leisten müssen. Oftmals findet gegen notwendige Veränderungen erheblicher offener oder verdeckter Widerstand statt.

Hier hilft es, die Notwendigkeit und den Sinn der Maßnahmen plausibel zu machen und Erfolge aufzuzeigen. Auch die Auszeichnung besonderer Leistungen bei der Umsetzung von Maßnahmen bietet sich als Motivationsmittel an.

5 Spezifische Arten der Mitarbeiterbefragung

5.1 Motivationsanalysen

WORUM GEHT ES?

Ziel der Mitarbeitermotivationsanalysen ist es, die Ursachen für die Mitarbeitermotivation zu erkennen und diese damit zu erhöhen. Es wird davon ausgegangen, dass hoch motivierte Mitarbeiter wesentlich zum Erfolg eines Unternehmens beitragen. Motivationsanalysen bilden häufig die Grundlage für die Entwicklung eines erfolgreichen Fragebogens zur allgemeinen Mitarbeiterbefragung. Bei der Analyse der Mitarbeitermotivation geht es darum, den Zusammenhang zwischen dem Entstehen der Leistungsmotivation und internen (innerhalb des Unternehmens) sowie externen Faktoren (Familie, Werte etc.) herzustellen. Hier spielen auch sehr stark psychologische Faktoren, wie z. B. Handlungskontrolle oder Selbststeuerung, eine Rolle.

Wichtige Faktoren der Leistungsmotivationsmessung von Mitarbeitern sind:

▶ intrinsische und extrinsische Motivation (Selbstverwirklichung, Kontakt etc.),
▶ Bewertung der Arbeitsinhalte,
▶ individuelle Bedürfnisse und Wünsche,
▶ individuelle Werte,
▶ Antriebskraft,
▶ Erwartungen,
▶ Führungsverhalten,
▶ Kommunikation und Information,
▶ Entlohnung,

▶ Arbeitszeiten,
▶ Weiterbildung und Aufstiegschancen,
▶ Firmenimage,
▶ Umweltfaktoren.

In der Praxis wirken nicht alle Faktoren gleich. Der Einfluss der einzelnen Faktoren kann durchaus in unterschiedliche Richtungen gehen. So kann z. B. die Entlohnung sehr gut sein, die problematische Kommunikation mit anderen Mitarbeitern oder der Unternehmensleitung allerdings kann die tägliche Arbeit beeinträchtigen und damit die Motivation, Arbeitsleistung zu erbringen oder gar zu steigern, deutlich reduzieren.

Ein Problem bei der Messung der Mitarbeitermotivation ist auch, dass sich diese sehr schnell ändern und zeitlichen Schwankungen unterworfen sein kann. So finden zum einen im Laufe der Zeit Bedürfnisanpassungen statt. Zum anderen kann es durch eine Sättigung bzw. Erfüllung der Bedürfnisse zum anschließenden Steigen (oder Absinken) der Motivation kommen.

WAS BRINGT ES?

Die Kenntnis der Mitarbeitermotivation ist entscheidend für die genaue Analyse der Leistungsbereitschaft und der Möglichkeiten der Leistungssteigerung von Mitarbeitern. Dabei ist die Motivation nicht nur individuell zu sehen, sondern innerhalb von Gruppen, Abteilungen und auch des Gesamtunternehmens. Somit lassen sich „Motivationsspitzen und Motivationslöcher" herausfinden, die helfen, die Motivationssteigerung der Mitarbeiter für jedes Unternehmen umfassend und spezifisch zu modellieren. Ergebnis ist ein „Motivationsplan" für einzelne Mitarbeiter, Gruppen, Abteilungen oder das gesamte Unternehmen. Motivieren lässt sich allerdings nicht auf „Knopfdruck", deshalb ist eine sensible Vorgehensweise dringend zu empfehlen.

WIE GEHE ICH VOR?

Schritt 1: Anpassung der Theorie an das Unternehmen

Als erster Schritt ist eine Anpassung der Theorie an das jeweilige Unternehmen notwendig. Für manche Unternehmen sind Umweltfaktoren weniger relevant, dafür herrscht eine breite Diskussion um die Arbeitszeitflexibilität. Für besonders wichtige Faktoren sollten evtl. Unterfaktoren gebildet werden, die ein genaueres Bild im Unternehmen ermöglichen.

Schritt 2: Zielsetzung

Wie bei allen empirischen Untersuchungen ist es auch für die Analyse der Motivation notwendig, sich klare Ziele zu setzen, was man mit der Untersuchung erreichen will. Dabei sollten möglichst konkrete Teilziele formuliert werden.

Schritt 3: Geeignete Methode wählen

Als geeignete Methode kommen die standardisierte, mündliche Befragung und das nichtstandardisierte Interview in Frage. Vereinzelt sind auch Gruppendiskussionen und narrative Interviews möglich. Allerdings kommt hier der Vorteil nichtstandardisierter Befragungen, nachfragen zu können, deutlich zum Tragen. Die Wahl der Methode hängt ab von den personellen Ressourcen und von den finanziellen Möglichkeiten (s. Kapitel 4.2).

Schritt 4: Befragung durchführen

Da der Inhalt der Untersuchung in den Bereich der Psychologie und Soziologie geht, ist eine fachspezifische Ausbildung bzw. Beratung für die Durchführung dieser Form der Analyse unerlässlich.

Anregungen aus dem Forschungsstand

Erste Hilfestellung kann zudem ein Blick in vorhandene Studien geben. Eine ordentliche Literaturrecherche (z. B. mit Hilfe von Fachdatenbanken wie WISO – Solis & Foris oder Psychlit, wie sie Hochschulbibliotheken bieten) schafft einen guten Überblick. Wie machen es die anderen? Vorhandene Fragebögen können neben aktueller Literatur wertvolle Anregungen liefern.

Generell gilt: „Das Rad" muss nicht immer neu erfunden werden, gleichzeitig warnen wir jedoch davor, vorhandene Studien einfach eins zu eins auf die eigene Fragestellung zu übertragen. In den wenigsten Fällen sind Fragestellung, Zielgruppe und Rahmenbedingungen wirklich identisch.

Schritt 5: Auswertungsplan festlegen

Aufgrund der komplexen Zusammenhänge zwischen den einzelnen Faktoren, die die Motivation beeinflussen können, ist vorab eine detaillierte Festlegung der wichtigsten zu untersuchenden Zusammenhänge unerlässlich. Dazu ist es sinnvoll, einen Plan zu erstellen, welche Faktoren mit welchen anderen zusammenhängen (abhängige und unabhängige Variablen), wie die Wirkungsrichtung ist und welche Verfahren dazu notwendig sind.

Schritt 6: Multivariate Analysen durchführen

Methoden zur Informationsreduzierung sind ebenso notwendig wie multivariate Analysen der Zusammenhänge (Regressionen, Kausalanalysen etc.). So kann z. B. mittels einer Clusteranalyse herausgefunden werden, welche Gruppe von Mitarbeitern ähnlich motiviert ist und worin sie sich von den anderen Mitarbeitern unterscheidet. Damit lassen sich erfolgreiche Motivationsstrategien und mögliche Veränderungen im Führungsstil herausfinden, die für weitere Maßnahmen genutzt werden können.

Schritt 7: Ergebnisse umsetzen

Aus den in aller Regel zahlreichen Analysen lassen sich Maßnahmen entwickeln, die auf die Mitarbeiter des Unternehmens zugeschnitten und geeignet sind, die unternehmensspezifische Motivation zu erhöhen. Die Formulierung von Maßnahmen gehört zu den schwierigsten Aufgaben innerhalb der Motivationsforschung, da die Maßnahmen für manche Mitarbeiter auch nicht zu offensichtlich die Leistungssteigerung als Ziel haben dürfen, da sonst das Gegenteil erreicht wird („die wollen schon wieder nur, dass ich mehr arbeite …").

Schritt 8: Evaluation der umgesetzten Maßnahmen

Die gefundenen und umgesetzten Maßnahmen bedürfen der Überprüfung und Erfolgskontrolle. Dazu sind möglichst vorab bereits Kriterien festzulegen, mit denen der Erfolg beurteilt werden kann.

5.2 Regelmäßige Wiederholung der Befragung

WORUM GEHT ES?

Die Ergebnisse einer Mitarbeiterbefragung können nicht nur dazu dienen, einmalig herauszufinden, wie die anstehenden Probleme gelöst werden können, welche Vorschläge, Einschätzungen etc. es seitens der Mitarbeiter gibt. Eine wiederholt oder regelmäßig durchgeführte Mitarbeiterbefragung lässt sich auch dazu nutzen, unternehmensinterne Veränderungen valide abzubilden und auf ihre Wirksamkeit hin zu überprüfen. Im Sinne der Qualitätssicherung ist eine wiederholte Befragung der Mitarbeiter ein QM-Instrument von zentraler Bedeutung für die unternehmensinterne Kommunikation.

WAS BRINGT ES?

Wiederholungsbefragungen haben den Vorteil, sehr viel genauer die Struktur der Zufriedenheit der Mitarbeiter, deren Veränderungen sowie die Ursachen der Veränderungen herausfinden zu können. Eine mehrmalige Befragung hat u. a. folgende Vorteile:

▶ Abbild der Dynamik der Mitarbeiterzufriedenheit,
▶ Analyse des Einflusses der Mitarbeiterzufriedenheit,
▶ Analyse der Ursachen von Veränderungen in der Kommunikationsstruktur verschiedener Abteilungen oder Hierarchieebenen,
▶ Erkennen der Auswirkungen von Maßnahmen aus früheren Befragungen auf die Mitarbeiterzufriedenheit,

▶ Analyse der Wirkung von externen Veränderungen (Marktpotential, Mitbewerber etc.) auf die Mitarbeiter,
▶ Berechnung von Veränderungsindizes (EFQM etc.).

WIE GEHE ICH VOR?

Zeitliche Dimension: Zwischen der ersten Mitarbeiterbefragung und der Folgebefragung sollte gerade so viel Zeit vergangen sein, dass erste Maßnahmen umgesetzt worden sind, aber sich auch Veränderungen bei den Mitarbeitern durchsetzen können. So ist z. B. eine vierteljährliche Befragung sinnlos, da die Mitarbeiter sehr schnell davon genervt sind, Fragebögen auszufüllen, und nicht die Wirkungen von Maßnahmen erkennen können. In der Praxis ist eine Wiederholung der Befragung nach einem bis drei Jahren sinnvoll. Besser ist eine Wiederholungsbefragung im regelmäßigen Turnus alle zwei Jahre, die fest im QM-System des Unternehmens etabliert ist.

Inhaltliche Dimension: Die Inhalte verändern sich zwischen der ersten und den folgenden Befragungen nur insofern, als Fragen mit aufgenommen werden sollten, die die Dynamik der Mitarbeiterzufriedenheit abbilden (Veränderungen der Struktur im Unternehmen, Ursachen der Veränderungen, Auswirkung durchgeführter Maßnahmen etc.). Ansonsten sollte aufgrund der angestrebten Vergleichbarkeit mit der ersten Befragung (Berechnung von Kennziffern etc.) ein möglichst gleicher Fragebogen eingesetzt werden.

Vorbereitungen: Um eine erneute Befragung erfolgreich durchzuführen, sind einige Vorbereitungen notwendig:

▶ Es sollte Kontinuität bei der Durchführung der Befragung herrschen (außer, es gab beim ersten Mal massive Prob-

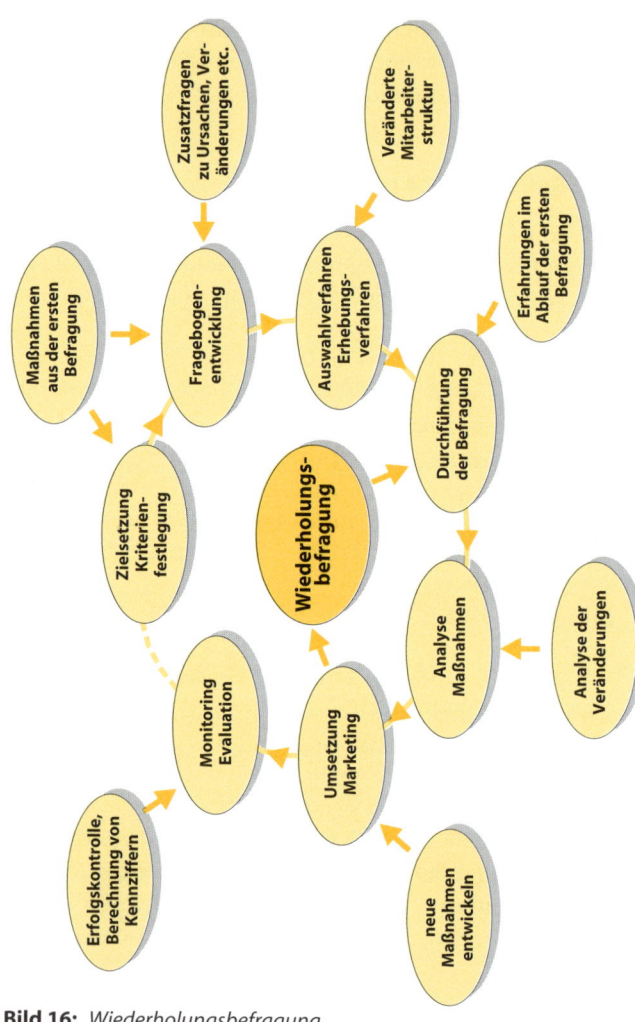

Bild 16: *Wiederholungsbefragung*

leme oder Fehler). Ein ständiger Wechsel von Personen, die mit der Durchführung betraut sind, schafft Unruhe und Misstrauen („haben der Geschäftsführung die Ergebnisse nicht gepasst?" etc.).

▶ Es sollten genügend Ressourcen für erneute Befragungen und deren Umsetzung bereitstehen. In der Praxis wird häufig der Fehler begangen, dass bei Wiederholungsbefragungen nur das Minimum umgesetzt wird. Dabei kann die Umsetzung leiden und daraus Unzufriedenheit entstehen. Für die weiteren Befragungen gilt (bis auf die Erarbeitung des Fragebogens) in etwa der gleiche Umfang wie bei der ersten Befragung.

▶ Die erneute Befragung sollte frühzeitig angekündigt werden. Bei einem Turnus von zwei Jahren sollten als Vorbereitungszeit mindestens drei bis sechs Monate eingeplant werden, um allen Beteiligten frühzeitig die Möglichkeit zu geben, Ideen und Änderungswünsche einzubringen.

▶ Auch bei den Wiederholungsbefragungen (S. 112, Bild 16) gilt: So viel Transparenz wie möglich! Die Mitarbeiter haben manchmal bei erneuten Befragungen das Gefühl, dass die Geschäftsleitung etwas anderes herausbekommen will und deshalb noch mal befragt. Auch hier können nur Aufklärung über die Ziele und frühzeitige Einbindung in den Prozess der Befragung zum Ziel führen.

6 Spezifische Arten der Kundenbefragung

6.1 Analyse der Kundenwahrnehmung und Kundenmonitoring

WORUM GEHT ES?

Bei der Kundenwahrnehmungsanalyse und beim Kundenmonitoring geht es darum, die Kundeneinstellungen adäquat zu messen bzw. im Zeitverlauf zu beobachten. Dabei ist wichtig, die wesentlichen Merkmale der Kundenwahrnehmung zu erfassen, wie z. B. Qualität, Preis etc. Schwierig ist dabei, die gesamte Bandbreite der Wahrnehmungsdimensionen zu erfragen, da einige der Dimensionen nur latent bzw. unbewusst bei den Kunden vorhanden sind. Darüber hinaus können sich die Wahrnehmungen und Einstellungen im Zeitverlauf verändern, so dass eine kontinuierliche Beobachtung der Gründe z. B. für eine (Nicht-) Kaufentscheidung notwendig ist.

Kaufentscheidungen

Beim Kauf eines Produkts, z. B. von Butter, spielen unterschiedliche Faktoren eine Rolle (Streichfähigkeit, Preis, Angebot am Markt, Verfügbarkeit, Aversionen, optische Reize etc.). Um zu wissen, wie eine Kaufentscheidung stattfindet, müssen die Dimensionen der Kaufentscheidung gefunden und die – aus Sicht des Auftraggebers – relevanten Faktoren für die Befragung extrahiert werden.

Kundenwahrnehmungsanalysen und Kundenmonitoring eignen sich in besonderem Maße, die Ursachen und die Veränderungen für Kaufentscheidungen (oder auch den Nichtkauf des Produkts) herauszufinden. Damit können Optimierungsmaßnahmen überprüft werden und langfristig neue Marktpotentiale erkannt und genutzt werden.

Einflussfaktoren von Kaufentscheidungen sind:

- vorhandener Bedarf,
- Preis,
- Qualität,
- Konditionen,
- Leistungsmerkmale,
- Beziehung zum Anbieter,
- Marktzugang (Anbieter vorhanden),
- Sicherheit,
- Vertrauen,
- Präsentation der Ware,
- Individueller Nutzen,
- Erfahrungen,
- Beratung,
- Rahmenbedingungen („Erlebniseinkauf") etc.

Kundenwahrnehmungsanalysen und Kundenmonitoring (Bild 17) ergänzen sich zu einem aussagekräftigen Kundenmanagementtool, mit dem auch langfristige Veränderungen festgestellt werden können. Die regelmäßige Überprüfung erleichtert konsequentes und schnelles Handeln bei Kundenunzufriedenheit oder Kundenabwanderung (Kundenzufriedenheitsanalysen).

WIE GEHE ICH VOR?

Schritt 1: Zielsetzung

Die Zielsetzung ist in der Regel der Überblick über die Gründe für eine Käuferentscheidung sowie deren langfristige Beobachtung.

Bild 17: *Kundenwahrnehmung und -monitoring*

Schritt 2: Finden der Wahrnehmungsdimensionen

Die Dimensionen von Kaufentscheidungen etc. können mittels qualitativer Verfahren, wie z. B. Gruppendiskussionen von Kunden oder Experteninterviews, und quantitativen Teststudien herausgefunden werden. Idealerweise werden die Verfahren kombiniert. Dabei werden die Probanden sowohl nach ihren bewussten Faktoren als auch nach unbewussten Faktoren untersucht (mittels Vergleichspaaren etc.).

Schritt 3: Erstellen des Fragebogens zur Kunden-wahrnehmung

Bei der Erstellung des Fragebogens sollte darauf geachtet werden, dass zusätzlich zu den im Schritt 2 gefundenen Faktoren auch weitere Faktoren von den Befragten angegeben werden können („offene Fragen"), um nicht von vornherein noch nicht berücksichtigte Faktoren auszuschließen. Dies ist umso wichtiger, als bei Wiederholungsbefragungen in der Regel Schritt 2 entfällt und somit nur über diesen Weg Veränderungen wahrgenommen werden können.

Schritt 4: Ergebnisanalyse und Maßnahmenumsetzung

Die Auswertung der Daten erfolgt mittels multivariater Verfahren, indem betrachtet wird, welche Faktoren die größte Rolle etc. spielen. Auf dieser Grundlage werden Maßnahmen entwickelt, die diese Faktoren zum Ziel haben. Ist z. B. der Preis als wichtigstes Kriterium für die Kaufentscheidung eruiert, so haben Marketingstrategien, die auf Qualität abzielen, nur in spezifischen Kundengruppen eine Chance.

Schritt 5: Kundenmonitoring

Die langfristige Überprüfung der Veränderungen sollte je nach Produkt oder Dienstleistung monatlich oder mehrmals jährlich erfolgen. Bei neu eingeführten Produkten ist eine mehrmalige Befragung unmittelbar nach Platzierung sinnvoll.

6.2 Imageanalysen

Bei der Imageanalyse zielt die Befragung der Kunden in erster Linie nicht auf die Produkte oder Dienstleistungen eines einzelnen Unternehmens, wie bei der Kundenbefragung, sondern auf die Einschätzung eines Unternehmens im Vergleich zu dessen Mitbewerbern.

Auch eine Imagestudie selbst ist bereits eine Möglichkeit, das Image des Unternehmens zu verbessern. Zum Beispiel bietet sich durch das Anbieten von firmeneigenen Incentives ein Forum für zusätzliche Werbung.

WORUM GEHT ES?

Ausgangspunkt ist die Überlegung, dass die Entscheidung für den Kauf eines Produkts oder die Nutzung einer Dienstleistung eines bestimmten Unternehmens nicht nur von der Leistung des Produkts oder der Dienstleistung selbst abhängt, sondern auch vom generellen (subjektiven) Vergleich des Kunden mit mehreren Mitbewerbern.

Das Bild, das ein Kunde generell vom Unternehmen hat, beeinflusst die Haltung zum Unternehmen und damit die Bereitschaft, ein Produkt oder eine Dienstleistung bei Bedarf bei diesem Unternehmen zu erwerben. Ist das Image eines Unternehmens im Vergleich zur Konkurrenz hoch, dann ist die Wahrscheinlichkeit, dass bei Bedarf ein Produkt oder eine Dienstleistung dieses Unternehmens erstanden wird, sehr hoch.

WAS BRINGT ES?

Imageanalysen haben den Vorteil, dass sie nicht nur die Produkte und Leistungen eines spezifischen Unternehmens abbilden, sondern auch das Unternehmen selbst verorten. Was nützt es einem Unternehmen, wenn es bei einer Kundenbefragung herausfindet, dass der Service zwar gut ist, die Leistungen aber dennoch nicht in Anspruch genommen werden, weil ein Mitbewerber ein noch besseres Bild abgibt? Erst wenn ein Unternehmen beide Faktoren zusammenbringt – Kunden- und Imageanalyse –, entsteht ein wirklich aussagekräftiges Bild, das z. B. die realitätsnahe Abschätzung von zukünftigen Verkaufszahlen etc. ermöglicht.

WIE GEHE ICH VOR?

Schritt 1: Zieldefinition

Wie immer bei empirischen Projekten steht am Anfang die Überlegung, welche Ziele überhaupt erreicht werden sollen, also: Was möchte man mit der Durchführung einer Imagestudie wissen (z. B. generelle oder produktspezifische Positionierung des eigenen Unternehmens etc.)?

Schritt 2: Finden von Mitbewerbern

Mit am wichtigsten ist es, die relevanten Mitbewerber festzulegen, da dies die Ergebnisse beeinflusst. Werden wichtige Mitbewerber nicht berücksichtigt, wird das Bild des eigenen Unternehmens in aller Regel zu positiv eingeschätzt. Hier ist unter Umständen die Verbindung mit einer Konkurrenzanalyse sinnvoll.

Schritt 3: Auswahl- und Erhebungsverfahren festlegen

Wie im Abschnitt 3 beschrieben, ist es dann notwendig, ein geeignetes Auswahl- und Erhebungsverfahren auszuwählen, um eine möglichst hohe Qualität der erhobenen Daten und somit auch der zu ziehenden Schlüsse zu gewährleisten.

Schritt 4: Fragebogenerstellung

Der Fragebogen einer Imageanalyse besteht üblicherweise aus einer größeren Anzahl an Imagedimensionen (Flexibilität, Innovation etc.). Ist es schon nicht einfach, die relevanten Dimensionen für jedes Produkt unterschiedlich zu finden, so wird häufig vergessen, die einzelnen Dimensionen von den Befragten gewichten zu lassen. Da für jeden Befragten nicht jede Dimension die gleiche Bedeutung bei seiner Entscheidung hat, ergeben sich je nach Kundengruppe unterschiedliche Einflüsse der Dimensionen auf die Entscheidung der Kunden. Will man die tatsächliche Bedeutung der Imagedimensionen auf die Entscheidung der Kunden messen, kommt man um die (aufwändigere) Erhebung bzw. Berechnung der Gewichtung nicht herum. Ein besonderes Problem bei der Formulierung der Fragen sind das oftmals von den Befragten selbst nicht zu trennende Gesamtimage und das Bild für einzelne Produkte. Auch ist die Messung der Idealvorstellungen der Kunden häufig nicht einfach.

Schritt 5: Durchführung der Befragung

Die Durchführung der Befragung selbst unterliegt den bereits dargestellten Problemen. Darüber hinaus sollten nicht nur die eigenen Kunden befragt werden, sondern auch potentielle Kunden, wenn man auch einen Überblick darüber haben möchte, weshalb potentielle Kunden z. B. nicht die eigenen Produkte und Dienstleistungen nutzen. Zusätzlich ist es bei der Imagestudie besonders schwierig, Veränderungen im Zeitverlauf richtig abzufragen, da sich oftmals Veränderungen im Markt ergeben, die einen langfristigen Vergleich der Mitbewerber erschweren. Gerade bei Imagestudien sollte eine ausreichende Fallzahl realisiert werden, um die Stabilität der Ergebnisse zu gewährleisten.

Schritt 6: Analyse der Daten und Berichterstellung

Bei der Analyse der Daten sollten mindestens folgende Bereiche untersucht werden:

▶ Gesamtimage und Positionierung des eigenen Unternehmens.
▶ Differenzierungen von den Mitbewerbern insgesamt und nach Produkten und Dienstleistungen.
▶ Veränderung der Einstellung zum Unternehmen und zu bestimmten Produkten und Dienstleistungen.
▶ Entsprechen die eigenen Produkte und Dienstleistungen den Idealvorstellungen der Kunden?

Schritt 7: Interpretation und Umsetzung

Die Interpretation der Ergebnisse sollte sich wiederum an der eingangs formulierten Zielsetzung orientieren. Darauf aufbauend sollten Maßnahmen formuliert werden, die geeignet sind, das Image des Unternehmens zu verbessern (Werbung, Verkaufsaktionen etc. bis hin zu neuer Corporate Identity).

Schritt 8: Evaluation

Wichtig bei einer Imageanalyse ist die Überprüfung, ob die Maßnahmen, die aus den Befragungsergebnissen abgeleitet wurden, etwas bewirkt haben. Dies kann in Form von Wiederholungsbefragungen geschehen (gleiche Personen werden nach einiger Zeit erneut befragt) oder in Form von Querschnittsuntersuchungen (beliebige Personen werden nach einiger Zeit wieder befragt).

7 Umsetzung und Evaluation

Die bereits mehrfach kurz angesprochene Umsetzung und Evaluation der Ergebnisse wird leider viel zu häufig vernachlässigt. Oftmals besteht dringender Handlungsbedarf, weil die Absatzzahlen rückläufig sind oder ein neuer Konkurrent auf dem Markt ist, was wiederum dazu führt, dass Ad-hoc-Maßnahmen ergriffen werden oder bestenfalls eine Mitarbeiter- oder Kundenbefragung durchgeführt wird, die jedoch bei der Ursachenforschung stehen bleibt. Die Umsetzung von Maßnahmen und – besonders wichtig – deren Überprüfung im Rahmen einer Erfolgskontrolle sind von entscheidender Bedeutung für die langfristige Verbesserung. Der permanente Rückkopplungsprozess ermöglicht nicht nur die stetige Verbesserung, sondern auch die Einbindung der Mitarbeiter und Kunden in den Prozess der Qualitätssicherung.

7.1 Umsetzung der Ergebnisse

WORUM GEHT ES?

Die Umsetzung der Ergebnisse ist der logisch folgende Schritt nach der Analyse der Daten. Grundlage für die erfolgreiche Umsetzung der Ergebnisse ist bei einer Mitarbeiterbefragung die Präsentation der Ergebnisse (in Form von Berichten, mündlichen Präsentationen, Internet etc.). Bei Kundenbefragungen ist die Rückkopplung weniger bedeutsam, sollte allerdings im Sinne einer Vertrauensbildung genutzt werden. Dargestellt werden kann hier, in welcher Form man die Meinung der Kunden berücksichtigt.

WAS BRINGT ES?

Die Umsetzung der Ergebnisse dient in erster Linie dazu, Verbesserungen herbeizuführen und Probleme zu lösen. Dass dabei die Mitarbeiter auch Veränderungen in Kauf nehmen müssen, ist an sich nicht schlecht, profitieren von einem gesunden, florierenden Unternehmen ja auch mittel- und langfristig die Mitarbeiter.

Die Umsetzung der Ergebnisse bringt u. a. folgende Vorteile:

▶ Entschärfung bzw. Lösung von Problemen,
▶ Umstrukturierung und Straffung von Arbeitsabläufen,
▶ Kreativität und Innovation,
▶ Flexibilisierung der Planung,
▶ Standortsicherung durch regionale Kundenbindung,
▶ Kosteneinsparungen durch Ressourcenschonung,
▶ Steigerung der Mitarbeitermotivation und Kundenzufriedenheit,
▶ langfristige Mitarbeiterbindung und langfristige Bindung und Gewinnung neuer Kunden.

WIE GEHE ICH VOR?

Die Umsetzung der Ergebnisse von der Analyse der Daten bis hin zu den zu ergreifenden Maßnahmen erfolgt in sechs Schritten (Bild 18). Die Interpretation der Ergebnisse und die Formulierung von Maßnahmen sollten durch dieselbe Person bzw. Arbeitsgruppe oder denselben externen Berater erfolgen, da sonst die Gefahr von Missinterpretationen gegeben ist. Die Überprüfung der Akzeptanz sollte auf jeden Fall in allen Bereichen des Unternehmens erfolgen. Die endgültige Entwicklung der Maßnahmen kann dann auf der

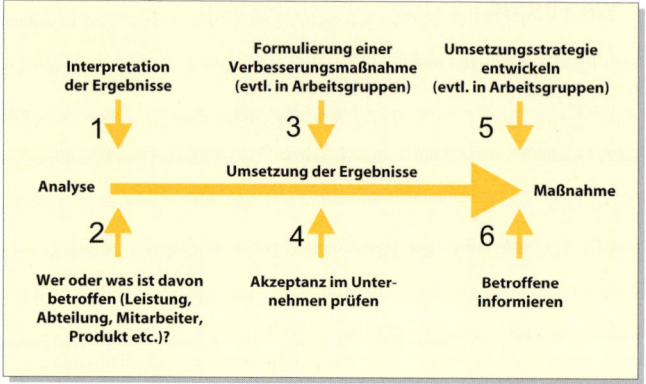

Bild 18: *Umsetzung der Ergebnisse*

Grundlage der vorangegangenen Schritte wiederum von denselben Personen erfolgen, die die Analysen vorgenommen haben. Sinnvoll ist bei externen Beratern ein permanenter Ansprechpartner im Unternehmen.

7.2 Evaluierung der Maßnahmen und Erfolgskontrolle

WORUM GEHT ES?

Evaluation ist die systematische Überprüfung und Bewertung von Abläufen. Evaluation kann sich sowohl auf die Organisation, die Zielsetzung, die Rahmenbedingungen und die Struktur als auch auf das Ergebnis (Produkt oder Dienstleistung) beziehen. Von der Deutschen Gesellschaft für Evaluation e. V. (DeGEval) wurden Standards formuliert, die zur Vereinheitlichung und Qualitätskontrolle beitragen sollen. Dabei gibt es vier wesentliche Bereiche:

▶ **Nützlichkeit** anhand der Kriterien: Identifizierung der Beteiligten und Betroffenen, Klärung der Evaluationszwecke, Glaubwürdigkeit und Kompetenz der Evaluatoren, Auswahl und Umfang der Informationen, Transparenz von Werten, Vollständigkeit und Klarheit der Berichterstattung, Rechtzeitigkeit der Evaluation und Nutzen der Evaluation.

▶ **Durchführbarkeit** anhand der Kriterien: angemessene Verfahren, diplomatisches Vorgehen und Effizienz von Evaluation.

▶ **Fairness** anhand der Kriterien: formale Vereinbarungen, Schutz individueller Rechte, vollständige und faire Überprüfung, unparteiische Durchführung und Berichterstattung, Offenlegung der Ergebnisse

▶ **Genauigkeit** anhand der Kriterien: Beschreibung des Evaluationsgegenstandes, Kontextanalyse, Beschreibung von Zwecken und Vorgehen, Angabe von Informationsquellen, valide und reliable Informationen, systematische Fehlerprüfung, Analyse qualitativer und quantitativer Informationen, begründete Schlussfolgerungen, Meta-Evaluation.

WAS BRINGT ES?

Die Evaluierung ermöglicht die Überprüfung der Umsetzung von Maßnahmen. Durchgeführt werden kann dies im Rahmen einer Selbstevaluation vom Unternehmen selbst oder als Fremdevaluation durch einen beauftragten externen Experten.

Bei der Mitarbeiterbefragung wird betrachtet, welche Maßnahmen erfolgreich von den Mitarbeitern aufgenommen wurden und welche aus welchen Gründen nicht. Bei der Kundenbefragung wird anhand von unterschiedlichen Kennziffern (Absatzzahlen etc.) betrachtet, welche Maßnahmen wie erfolgreich waren.

WIE GEHE ICH VOR?

Evaluation kann auf mehrere Arten geschehen. Als interne Evaluation ist sie eine kritische Bestandsaufnahme bezüglich der erfolgreichen Umsetzung der Maßnahmen. In der externen Evaluation wird dies durch externe Berater und Gutachter überprüft. Ein übliches zweistufiges Verfahren wird häufig von externen Evaluatoren organisiert. Die Evaluation ist dabei auch im Rahmen der Qualitätssicherung zu sehen (DIN EN ISO 9000 ff., TQM, EFQM, Benchmarking, Balanced Scorecard etc.) (vgl. Pocket Power Balanced Scorecard).

Die interne Evaluation ist im Wesentlichen eine systematische Bestandsaufnahme der Umsetzung von Maßnahmen durch besonders geschulte Mitarbeiter des Unternehmens. Hierbei kann auf bestehende Unterlagen zurückgegriffen werden. Zudem wird in der internen Evaluation die zukünftige strategische Planung auf der Grundlage der Beurteilung der erfolgreichen bzw. weniger erfolgreichen Umsetzung der Maßnahmen festgelegt. Ausgewählte Mitarbeiter des Unternehmens erstellen dabei einen Bericht. Er stellt die Ergebnisse der internen Evaluation dar, d. h. er benennt vor allem die Stärken und Schwächen des Unternehmens hinsichtlich der durchgeführten Maßnahmen sowie notwendige Maßnahmen für die Zukunft.

Der Erfolg der internen und externen Evaluation hängt im Wesentlichen davon ab, welche Schlüsse aus der internen und externen Analyse gezogen werden. Hierbei werden die Maßnahmen kritisch nach deren Erfolg bzw. Nichterfolg beurteilt.

8 Erfolgsfaktoren einer Mitarbeiter- und Kundenbefragung

Im Folgenden sind die wesentlichen Faktoren noch einmal im Überblick dargestellt, die zum Erfolg einer Mitarbeiter- bzw. Kundenbefragung führen.

Mitarbeiterbefragung

1 Klare Zielsetzung (Inhalte, Grundgesamtheit etc.)
2 Mitarbeiter frühzeitig einbinden
3 Umfassende Transparenz
4 Fundierte methodische Kenntnisse der Umfrageforschung oder professionelle Beratung
5 Datenschutz einhalten bzw. Anonymität gewährleisten
6 Ergebnisse umfassend präsentieren
7 Mitarbeiter bei Maßnahmen einbinden
8 Finanzierung der Maßnahmenumsetzung einplanen
9 Erfolgskontrolle

Kundenbefragung

1 Klare Zielsetzung (Inhalte, Grundgesamtheit etc.)
2 Fundierte methodische Kenntnisse der Umfrageforschung oder professionelle Beratung
3 Komplexe Auswertung notwendig
4 Kombination mit Kundenwahrnehmungs-, Imagestudien und Konkurrenzanalysen
5 Unternehmensinterne Akzeptanz der Maßnahmen sicherstellen
6 Erfolgskontrolle und Rückkopplungsprozess

Literatur

Altmann, H.: Kunden kaufen nur von Siegern, moderne industrie, 2004

Bögel, R.; Rosenstiel, L. v.: Die Entwicklung eines Instruments zur Mitarbeiterbefragung: Konzept, Bestimmung der Inhalte und Operationalisierung, Beltz, 1997

Borg, I.: Führungsinstrument Mitarbeiterbefragung. Theorien, Tools und Praxiserfahrungen, Hogrefe, 2003

Bungard, W.; Jöns, I. (Hrsg.): Mitarbeiterbefragung. Ein Instrument des Innovations- und Qualitätsmanagements, PVU, 1997

Diekmann, A.: Empirische Sozialforschung. Grundlagen, Methoden, Anwendungen, Rowohlt, 1996

Domsch, M.; Ladwig, D. (Hrsg.): Handbuch Mitarbeiterbefragung, Springer, 2000

Fettel, A.: Mitarbeiterbefragungen – Anforderungen aus der Sicht von Mitarbeitern, Beltz, 1998

Jöns, I.: Formen und Funktionen der Mitarbeiterbefragung, in: Bungard, W.; Jöns, I. (Hrsg.): Mitarbeiterbefragung. Ein Instrument des Innovations- und Qualitätsmanagements, PVU, 1997, S. 15–31

Meffert, H.: Marketingforschung und Käuferverhalten, 2. Aufl., Gabler, 2000

Rosenkranz, D.; Schneider, N. F. (Hrsg.): Konsum. Soziologische, ökonomische und psychologische Perspektiven, Leske + Budrich, 2000

Rosenstiel, L. v.; Regnet, E.; Domsch, M. E.: Führung von Mitarbeitern. Handbuch für erfolgreiches Personalmanagement, Schäffer-Poeschel, 2003

Schnell, R.; Hill, P.; Esser, E.: Methoden der empirischen Sozialforschung, 7. Aufl., Oldenbourg, 2005

Töpfer, A.: Kundenmanagement. Kundenzufriedenheit, Kundenbindung und Kundenwert messen und steigern, Springer, 2004

Forschungsinstitute (Auswahl)

GfK Aktiengesellschaft
Nordwestring 101, 90319 Nürnberg
Tel: 09 11/39 50, Fax: 09 11/3 95 22 09
E-Mail: gfk@gfk.de

IfD Institut für Demoskopie Allensbach
Radolfzeller Straße 8, 78472 Allensbach am Bodensee
Tel. 0 75 33/80 50, Fax. 0 75 33/30 48
E-Mail: info@ifd-allensbach.de

MODUS Institut für Wirtschafts- und Sozialforschung
Schillerplatz 6, 96047 Bamberg
Tel. 09 51/2 67 72, Fax. 09 51/2 68 64
E-Mail: info@modus-bamberg.de

TNS Emnid
Stieghorster Str. 90, 33605 Bielefeld
Tel. 05 21/9 25 70, Fax. 05 21/9 25 73 33
E-Mail: info@tns-emnid.com

TNS Infratest Holding GmbH & Co. KG
Landsberger Straße 338, 80687 München
Tel. 0 89/56 00 0, Fax. 0 89/56 00 13 13
E-Mail: tnsde@tns-infratest.com